香江茶事

追溯百年
香港茶文化

第三版

林雪虹等 编著

中華書局

目錄

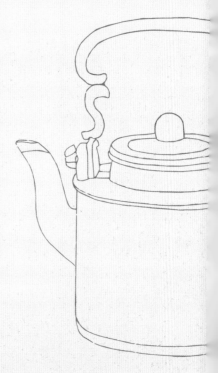

下《維多利亞城遠眺》 十九世紀畫家（佚名）

序言

　　香江茶事，源遠流長。清嘉慶《新安縣志》卷二〈輿地略・物產〉載此地茶品云：「茶產邑中者甚夥，其出於杯渡山絕壁上者，有類蒙山茶。烹之作幽蘭、茉莉氣。緣山勢高得霧露以滋潤之故，味益甘芳，但不易得耳。若鳳凰山之鳳凰茶，擔竿山之擔竿茶，消食退熱；以及竹仔林之清明茶，亦邑中之最著者也。」杯渡山即今日青山，四川蒙山茶早於唐代已名冠天下，自唐至清一直是貢茶，尊貴非凡。蒙山茶近親繁衍於清代華南海隅高山之上，惹人遐思。莫非貢品自川至京途中流落民間，輾轉南下至香港屯門？從大歷史角度探視，此事絕非天方夜譚。

　　中國自漢代開闢海上交通航線，至隋唐蔚為大觀。海外來華商

舶多以廣州為目的地，屯門扼珠江水道咽喉，乃外商往來羊城必經之地，名聞四海。此後千年中外商舶不絕於粵港水域之間；經此地轉運外銷貨品除絲綢外，茶葉瓷器漸成大宗。蒙山茶出洋之際落地屯門杯渡山，亦不足為奇。

蒙山茶與屯門青山歷史淵源雖屬推論，茶事與香江關係密切確是事實。清中葉後中國茶葉風行歐洲，外銷茶葉貨值遠超絲綢瓷器，英國於是在華銷售鴉片以圖平衡貿易逆差，結果引發鴉片戰爭，並由此改寫中國近代歷史，影響至今。

香港於中西茶葉貿易大歷史框架中開埠，未幾即成中國外銷茶葉主要中轉港口。香港奉行自由港政策，吸引廣東華商華人匯聚此地，不但光大茶葉貿易事業，更引進品茶文化。廣府人每日「三茶兩飯」，既是社會文化，亦是生活藝術；先茶後飯，茶事更重於炊事乎！廣府人晨早相見互問一句「飲咗茶未」，比諸今日「早晨」、「早上好」更具歷史文化深義。

不過，廣府人所謂飲茶，十九不離「一盅兩件」；於是普洱茶登場成為廣府點心最佳配搭，以其具消食去膩之功云云。普洱原產雲南而大盛於廣東，背後有茶葉貿易網絡故事，波瀾壯闊，可歌可泣。香港繼承廣府茶文化後復得轉口貿易之利，引進自中土西傳飲茶文化，亦即今日廣傳天下的香港代表美食「絲襪奶茶」。

香港人飲茶無論普洱、壽眉、鐵觀音、龍井，盡皆南來茶品，與中原飲食文化一脈相承；「絲襪奶茶」以糖奶調和極濃紅茶，顯然是外方所傳。究其淵源，有言奶茶出於英國，原本是上品清茶輕配奶脂，溫文爾雅；唯彼邦基層難以高攀進口名茶，遂以煎煮之法

盡得下價粗茶精華，結果茶質苦澀如重味方劑，非調以糖奶不能下咽。豈知此品輾轉大盛於南亞茶鄉，然後循大英帝國擴展路徑東傳至大馬，最後落戶香江，經百年轉化提煉，終成本地「非物質文化遺產」，可謂異數！

香港彈丸之地，竟然身居南北中西茶事之中心，其事始末脈絡豈止茶杯風波！今日「絲襪奶茶」挾「非遺」之名隨港式茶餐廳南征北討，遍地開花，亦中華大地「出口轉內銷」經典個案。林雪虹君以茶為樂為業，上文典故知之甚詳。林君珍藏香江茶事有年，清香甘醇各自精彩，今日都為一集以奉雅客；佐膳淨飲，加糖落奶，悉隨尊便。

劉智鵬
己亥盛夏於屯門虎地

引言

2019 年香港發鈔銀行發行的「香港新鈔票系列」受到大眾關注，引來網民熱烈討論和二次創作。不過，若我們先放下美學方面的討論，新鈔的主題其實挺有趣。鈔票的背面旨在「將多元繽紛的香港生活風貌微縮在方寸之間」，而最常用的二十元鈔票上，竟以「茶藝文化」為主題，印有茶葉、茶壺、茶具及點心，並將之形容為：「充份濃厚的香港本地茶文化特色，生動展現著茶嚐點心的香港人生活場景，亦喚起與摯愛親朋共聚的快樂時光。」茶文化在眾多生活風貌之中被挑選為新鈔的主題之一，與華人「共聚」的文化連繫在一起，說明品茗在香港社會的重要地位。

品茗同時，茶貿歷史亦對香港有着深遠影響。若我們追究鴉片
戰爭的背景，一般會指英國出現貿易逆差，導致白銀外流，才向大
清售賣鴉片。其實茶葉在英國白銀外流的角色至為重要。十九世紀
以後，英國東印度公司每年從中國進口的總貨值中，有九成以上
是茶葉；在它壟斷中國貿易的最後幾年（1825 至 1832 年），茶葉
甚至是該公司在英國唯一進口的中國商品。[2] 因此，茶貿易的影響
間接把香港變成大英帝國殖民管治地的說法不無道理。而這百年殖
民管治歲月對香港的歷史發展，以至今天香港的語境、社會脈絡、
意識形態及政經體制都有深遠、根本和決定性的影響。我們也可以

上 *2018* 系列香港鈔票由本港三間銀行發行，圖為渣打銀行
（左）、中國銀行（中）、滙豐銀行（右）的二十元新鈔，於
2019 年推出。　圖片來源：香港金融管理局

從本地的茶貿易歷史中，觀察香港的獨特
位置。尤其被英國管治的香港雖然在 1949
年新中國成立以後，減少了在經濟上與中
國內地的接觸，成為所謂自由的經濟體
系，但茶葉貿易卻持續不斷直接受到內地
影響。站在左、右派之爭的風眼下，香港
在本土地域上見證着上世紀中國政治經濟
制度的變化；夾在中外不同的經濟體系之
間，成就了本地的轉口港地位。茶貿易作
為其中一項進出口業，見證香港由開埠發
展到國際都會的起跌。

　　同時，香港在中國茶貿易和茶文化的
發展中，尤其是普洱茶的發展和紫砂茶具
的推廣上，亦扮演了相當重要的角色。例
如本地發明的藏茶法，如渥堆、乾倉，反
過來影響了中國內地做茶的方法；本地商
人創造的「八八青傳奇」、在內地提出「名
人名作」的觀念等，也改變了今天整個普
洱茶和紫砂器物市場。香港與茶之間，可
說是有着種種微妙而有份量的扣連。

右《茶葉生產》 十九世紀畫家（佚名）

上 儲存茶葉　圖片提供：九洲行

另一個研究香港茶貿歷史的原因，是茶貿易並不單單是把貨物轉口，進行物流、行銷的行業。部分茶行業包含了專業的手藝，是前人經驗累積的成果。以前賣茶涉及大量工夫，由選茶、儲存、加工焙茶、翻堆、蒸壓、包裝等，各茶行因應需要自行研發技術，由茶葉收成到賣出往往需時數年，每一項程序都有箇中智慧，因此部分茶莊莊主並不只是商人，更可說是「茶工藝師」。今日傳統茶行已漸漸式微，舊茶行努力對抗或適應這個急速的資本社會，在我們惋惜之際，不如就先把它們的歷史和智慧記錄下來。

以上說明了茶在香港的宏觀歷史上的珍貴之處。更進一步，其實近代不少學者提倡以民間歷史的角度，從人民日常生活文化的層面，以平民的生活方式、生活經驗和記憶來追溯和補充官方歷史。巴巴拉·艾倫（Barbara Allen）指出，口述故事的論述者通過對話和訪問，為經驗建構一種共同的意識，從論述者如何敍述

自己的經驗，我們可以知道更大的歷史結構。[3] 既然茶是香港人生活上經常出現的飲料，茶餐廳、供應茶水的酒樓（或曾經興盛的茶樓）是香港幾代人生活的場域之一，香港人的飲茶習慣、品茶喜好是否也反映了我們的生活習慣、文化和傳統？

上　包裝茶葉　圖片提供：九洲行

　　我們幾乎每日都能接觸茶，但一般市民對茶的研究不多，認知止於酒樓接觸到的普洱、水仙、壽眉等。然而，「茶藝文化」能夠得到發鈔銀行的重視，代表「茶文化」是擁有一定地位的文化符號。「茶」能夠與「藝」二字並用，實際上是自上世紀八十年代後期，茶行業已不只是茶葉買賣，而是配合「茶藝」走向文化商品。那麼，茶在消費社會上脱離了「使用價值」（use value）後，被賦予了甚麼意識形態來建構出「茶文化」？有關香港本土茶文化的文章散落於不同書籍之中，本書希望透過整理和訪問茶行業發展，嘗試尋找本地「茶文化」的根源、現象和內涵。

上　港式飲茶

1 〈中銀新鈔展多元繽紛香港生活風貌 記述細膩溫馨事與情〉,《頭條新聞》,2018 年 7 月 24 日,http://hd.stheadline.com/news/realtime/hk/1273965/

2 〈英國東印度公司——一度壟斷中國鴉片市場〉,《巴士的報》,2018 年 12 月 7 日,https://www.bastillepost.com/hongkong/article/3709043- 英國東印度公司 - 一度壟斷中國鴉片市場

3 Allen, Barbara, Story in oral history: Clues to historical consciousness. (Oral History), *Journal of American History*, Vol.79, Issue 2, 1992, p. 606.

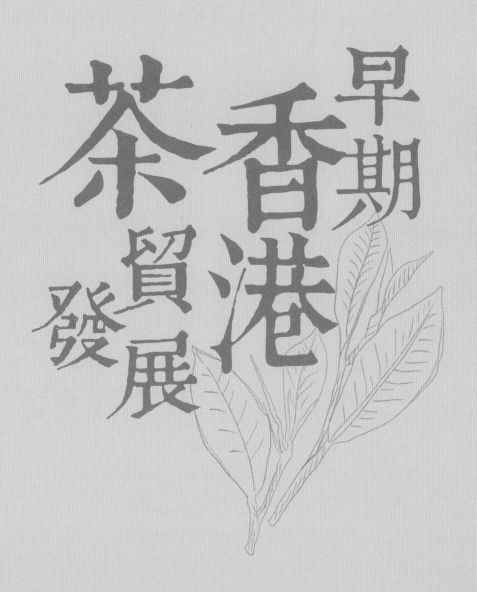

第一章

早期香港茶貿易發展

本 | 地 | 的 | 茶 | 葉 | 生 | 產

　　雖說本地沒有穩定和大量的茶葉生產，但其實香港也曾出產茶葉，值得記錄下來。

　　香港曾有三座茶山：杯渡山（現今青山）、鳳凰山和大帽山。劉智鵬教授指杯渡山的茶葉曾記錄於清朝嘉慶年間《新安縣志》：「茶產邑中者甚夥，其出於杯渡山絕壁上者，有類蒙山茶。烹之作幽蘭、茉莉氣。緣山勢高得霧露以滋潤之故，味益甘芳，但不易得耳。」當中提到的蒙山是四川西邊陲的名山，蒙山茶更是歷代貢品，把屯門杯渡山的茶葉與蒙山茶相提並論，可見其品質之優。[1]

　　來自本地第二高的山峰鳳凰山所出產的鳳凰茶是香港出產茶之中較佳的品種。它以嫩芽製作，呈圓珠的形狀。[2] 據皇家亞洲學會歷史學家夏思義（Patrick H. Hase）記載，住在塘福的村民經常採用鳳凰茶。[3]

　　至於大帽山，十七世紀末到二十世紀初，由於香港的緯度跟雲南出產茶葉的地區相近，高山的氣候亦適合種植山茶，因此在船灣、大帽山城門一帶曾經出現大規模商業種植的茶樹園。[4] 根據清朝《新安縣志》記載，早於三百多年前大帽山已種有茶田，其遺跡至今仍然清晰可見。大帽山下川龍附近的山麓上亦有種茶的痕跡，歷史學家科大衛（David Faure）估計川龍村民早年曾以種茶為生，但上世紀二十年代後，茶園已經荒廢。[5] 夏思義又記載，荃灣老圍村的許氏家族會到大帽山山頂採茶，一位 1896 年生的男子由 1906

年起會在農曆三月每星期採集十斤名為「雲霧」的茶。城門村民也會在南塘肚採茶。

　　夏思義亦指出，曾有一段時間，種茶是香港的主要產業，1688年的縣志記載大帽山、馬鞍山郊野公園和吉澳海西南邊也出現了梯田，規模應該是用作商業耕作。1906年香港政府的植物報告也指出，在大老山和黃牛山一帶，種茶曾是繁盛的工業，梯田是由種茶樹者所為。然而，夏思義於上世紀八十年代在茂草岩考察時，並沒有村民有前人曾進行大型商業種茶的記憶，因此我們亦無法得出最

上｜大帽山北面的種茶遺址　圖片來源：P.H. Hase, J. W. Hayes, & K.C. Lu (*1984*)[6]

左上　茂草岩村採茶

右上　揉茶

左下　茶葉加工

以上圖片來源：

P.H. Hase, J. W. Hayes, & K.C. Lu (1984)

後的結論。[7] 其他本地的商業種茶還有以下例子：五十年代，英國人貝納祺曾在昂平開發茶園，種植二十萬棵茶樹，出產的蓮花嗂雲霧茶遠銷美國和印度，可惜他去世後茶園便荒廢了。

　　據夏思義記載，八十年代，香港依然有按照傳統方法耕種和備茶的村落，例如沙田的茂草岩。它是一條由鄭氏和劉氏家族居住的客家村落。茶樹栽種在山腰，由幾個家庭和祖堂擁有，一般會在清明節前後採茶，該茶名為「山茶」，能在新界的墟市買到。夏思義形容茶湯柔和清淡，帶有一點澀味，容易入口且口味令人喜歡。[8]

此外，於 1957 至 1958 年，夏思義亦記錄了在清水灣一帶的茶葉生產，如下洋村村民種植了一百株山茶、大埔仔五十株、西貢南圍和北港凹八至十株。在大嶼山，山廈村村民會在大東山山腳採山茶。

現時，位於海拔四百多米的大帽山山腰的嘉道理農場暨植物園亦有茶園，種了二千多株茶樹，至今依然採用全人手的方式，為的就是要完整保留由採茶到炒茶的技藝。他們的炒茶工具甚至是邀請炒茶師傅和前線女工，根據炒茶的流程和產量訂製炒茶鑊的尺寸和溫度，自行設計尺寸，交給設計廚具的公司訂造。[9]

上　大帽山茶園　圖片提供：《*Metro Pop*》[10]

茶 | 馬 | 古 | 道 | 與 | 香 | 港

　　說到中國茶貿易，不少人都會聯想到茶馬古道。茶馬古道發展始於唐代，興於明而衰落於清，一般認為源於當時漢族生產的茶與吐蕃良馬之間的交易。漢族於雲南古時的普洱府（即今日的臨滄市、西雙版納州和今普洱市，舊名思茅市）生產茶葉，到清末時，倚邦、勐海、易武等地亦成為茶葉貿易的重鎮。由於藏民以遊牧為生，甚少食用蔬果，有助補充營養的茶成為藏民生活的必需品，因此漢人把茶葉賣給藏民來換取馬匹，宋朝廷更通過茶馬互市來維護邊區安全。[1] 這古道可謂把雲南、四川、西藏、青海、新疆、甘肅等地緊緊連繫，令「世界屋脊」的藏、川、滇三個地區的少數民族的多元文化得以交流。

Du Yunnan au Thibet, les caravanes
From Yunnan to Thibet, the caravans

上／6　昔日茶馬古道

　　然而，除了雲南至西藏一段，茶馬古道其實共有五條路線，一
是官馬大道，由普洱經昆明到內地各省，亦是運送貢茶到北京之
路。二是關藏茶馬大道，從普洱經下關、麗江、中甸（今香格里
拉）進入西藏，再到尼泊爾等國。三是江萊茶馬道，從普洱過江
城，入越南萊州，然後轉運到西藏和歐洲等地。四是旱季茶馬道，
從普洱經思茅，過瀾滄到孟連，出緬甸。五是勐臘茶馬道，從普洱
到勐臘，然後銷往寮國北和東南亞。[12]

　　茶馬古道雖衰落於清，卻沒有消失，更與香港不無關係。清末
民國時期，江萊茶馬道，亦即思茅江城茶馬道，從雲南江城出口的

Caravane sur un pont en bambou. Yunnan (Chine)
A caravan crossing a bamboo bridge, Yunnan (China)

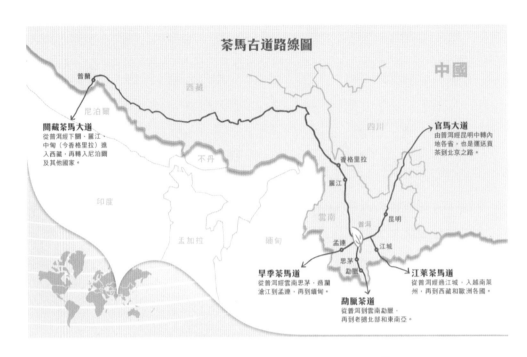

上 昔日茶馬古道路線圖　圖片來源：《茶・壺・緣》[13]

茶葉，經由江城李仙江壩溜渡口順江而下至越南萊州，水路約二百華里，行程五天，可直達港口，轉運到香港。[14]曾有文獻指出，以前在壩溜的要道人潮眾多，店家每天須要宰幾頭牛才能供應人潮，甚至出現賭場的蹤影。[15]大約在清代光緒或稍早，倚邦和易武等地方的茶商開始把普洱茶運到越南、老撾，甚至後來擴大至泰國、緬甸、印度及馬來西亞等國，再轉銷中國兩廣和香港。[16]筆者以右圖顯示，那些在雲南出口的普洱毛茶，從湄公河和紅河，經水路到越南，在當地加上南洋的物資，再由海路運到香港；在香港，一方面以海船把內地的南北百貨運回南洋，另一方面經陸路把普洱茶運到廣州。[17]雖然茶馬古道並沒有直接以陸路與香港連接，但香港作為

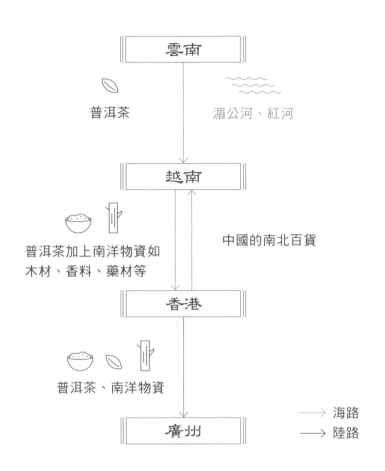

└ 貨物路線

路線上其中一個茶葉的集散地和銷售點，在茶馬古道的茶貿易上，依然具有一定意義。

到了民國時期，香港仍然是普洱茶的集散地，我們可以從雲南各鄉所出產的茶類看出此點。從海關的統計數字來看，圓茶，又名七子餅茶，其出口香港的高峰期是民國初年至十八年，當時雲南各海關每年向香港出口達三千餘擔的普洱茶（註：以紅茶的名義出口）。[18] 二十世紀三十年代，佛海（即今勐海）成為普洱茶的加工和交易的南部中心，主產七子餅茶，[19] 馬楨祥亦曾寫到，抗戰時期（1931 至 1945 年），「易武、江城所產的七子餅茶⋯⋯大多數行銷香港、越南，有一部分經香港轉運到新加坡、馬來西亞、菲律賓等地，供華僑食用⋯⋯香港、越南、馬來西亞一帶氣候炎熱，華僑工人下班後常到茶樓喝一兩杯茶，這種茶只要喝一兩杯茶就能解渴。」另一位於民國時期在昆明開設原信昌商號，在墨江、思茅、江城設茶廠，從事東南亞貿易的商人馬澤如亦指，「出口行銷香港、越南的，大多是陳茶，因一方面經泡，泡過數開，仍然有色有香；另一方面，又極解渴，且有散熱作用，所以香港一般工人和中產階級，很喜歡喝這種茶。這種茶一部分還從香港轉運到新加坡、菲律賓等地，主要供華僑飲用，因而銷量也比較大。」他還提出，日本在二次大戰佔領了緬甸、香港等地，完全切斷了他們的外運路線，令大批存貨滯留國內，只好減少生產。到了戰爭結束，他們加緊從廣州趕運大批存茶到港。由此觀之，在茶馬古道基礎上，雲南與香港在茶貿易之上相互連繫。

香|港|茶|行|業|的|發|展

　　雖然上文提及香港早期和日治時期的茶貿易，然而在中華人民共和國成立之前，茶葉並不會單獨成行，而是歸入南北行經營。南北貨亦即中國各地土產，當中不包括藥材和海味。[20] 上環文咸西街、永樂西街一帶是南北行的集中地。

　　到了上世紀五十年代，售賣茶葉才成為一門獨立生意，不再屬於南北行。[21] 當時茶行業十分興旺，香港有多家大型茶行，較小型的茶莊亦多達二三百間，例如老字號林奇苑、英記、陳春蘭、李金蘭、源茂興記、顏奇香、嶢陽、聯興隆、茗香、鴻華、寶華、福華、榮華等等。

左 源茂興記茶莊　　右 茗香茶莊

其中陳春蘭茶莊歷史最悠久，創建於清咸豐五年（1855年），以售賣六堡茶著名，於1997年結業，現時茶莊的物品於香港歷史博物館的「香港故事」常設展覽中展出。消失於大家眼前的老字號還有李金蘭茶莊，由商人李錦鴻於1932年在上海街開設首間分店。李錦鴻早於上世紀一○年代已從事茶葉批發，茶莊著名的玉女茶更於1960年成為註冊商標。歷史悠久而現今仍屹立不倒的，不得不提英記茶莊，它早於清朝光緒八年（1881年）由陳朝英於廣州創立，第一間店位於西關十八甫北。中共建政後的1950年，英記茶莊遷店至香港中環，並自設工廠，成為香港的茶莊品牌，至今由其後人陳根源、陳廣源、陳樹源，及陳達源四兄弟主持，經歷四代，英記成為家喻戶曉的茶莊，成功獲取「香港名牌」標識。

筆者嘗試聯絡多間茶莊賜教，希望親身了解茶行業的運作與發展，有幸得到以下數間茶莊答允接受訪問。

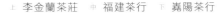

上 李金蘭茶莊　中 福建茶行　下 羲陽茶行

上 陳春蘭茶莊　攝自香港歷史博物館內的「香港故事」

下 1950 年代的英記茶莊　攝自香港歷史博物館內的「香港故事」

林|奇|苑|茶|行
二十世紀香港及中國火紅時代的茶事

　　林奇苑茶行於 1955 年由林君賢成立，由售賣烏龍茶，到普洱及紫砂茶具，見證上世紀五十年代至今一直走來的本地茶事。林君賢雖現齡八旬仍精神奕奕、言談彬彬有禮，親切慷慨地向筆者賜教。

　　茶行業中有進口商，又名頭盤商。頭盤商之下有二盤商，即批發商，也就是拆家。頭盤商和二盤商亦可以是加工舊茶商。當時的大行有東榮、元亨、永生祥、匯源、林品珍、大來、協豐、天生、萬春、松盛等。另外還有專營外國茶葉進口、出口的洋莊和轉口商等。林奇苑茶行則屬於三盤商，須要向二盤商取茶來售賣。三盤商除了零售，也會供應茶葉予茶樓，因為當時如果只靠零售，進出貨量會太少，即使茶樓賒數，有時難以追回亦無可奈何。林君賢指，茶行多由家族經營，亦有自己的一套職級，分為買賣手、帳房和後生。買賣手就如今天的銷售員、推銷員；帳房即是會計；後生即庶務。不過在實際運作中，也不是如此仔細地分工，一家人還是要互相幫忙。曾有學者指出，華人企業的成功因素之一，是家庭主義應用到工商業活動之中，家庭的結構發揮了向心力，令企業保持完

左　六十年代的林奇苑店內

圖片提供：林奇苑茶行

整。[22] 而家族企業最擔心的承繼問題，也沒有發生在林奇苑茶行身上，林君賢的兒子還是有接手茶莊。

晚清時期，在政府大力發展茶葉生產下，雲南出現很多茶莊和茶號，例如大理的永昌祥、鴻興祥；勐海的可以興號、洪記茶莊；倚邦的宋寅號、元昌號；易武的同慶、同昌、同興；思茅的乾利貞號、宋聘號等。[23] 但到了五十年代，正值中華人民共和國成立初期，內地以國家動員政治運動掛帥，徹底消滅了國內的私人茶莊，茶葉貿易改由國家控制，須要統一由中國土畜產進出口公司管轄，經三間口岸茶葉公司轉售到港，再由香港德信行掌握分配。筆者翻查資料，有說法指德信行再分發給下面較大的經銷商，如林品珍（市場佔有率 25％）、信行（市場佔有率 20％）、信成（市場佔有率 12％）、華益（市場佔有率 12％）、萬原（市場佔有率 8％）等。[24]

林君賢亦經歷過這階段。他指德信行其實就是最早由內地直接派來的機構。翻查資料，德信行是華潤集團轄下的公司，華潤集團原為聯和行，是 1938 年為負責採購二次大戰軍用物資及藥品而成立。1948 年改名為華潤公司，五十年代被中共中央貿易部管轄，成為中國各進出口公司在港澳及東南亞地區的總代理。今天我們買豬肉時經常會聽到五豐行的名字，其實就是因為中國的牲畜由同為華潤集團轄下的五豐行統一出口，而藥材、糧油、土特產就由德信行統管。

當年中國出口的茶葉貨源緊張，有些二盤商、三盤商也選擇與德信行和大行拉攏關係。又因為德信行控制了中國茶葉，所以某些茶商也利用對中共的政治忠誠來獲得貨源。當時中方為進行思想教育，每逢星期三規定各行上級須向下屬朗讀《大公報》文章，稱為「讀報」。下午中方人士（德信行）派人上門抽問下屬內容。另

有茶行工會舉行定期集會，各員工須持《毛語錄》、唱紅歌等。林君賢憶述，港英時期親中左派在香港名聲低落，甚至會被「捉左仔」。這些親共行為只可以偷偷進行。筆者再查閱新星茶莊的網上資料，發現當時每年十月一日的中共國慶，更須把五星國旗掛在門外，並在「親中」酒樓筵開數十席熱烈慶祝，至今茶行商會仍每年有類似的聚宴。1967 年暴動期間，中方在港設茶行鬥爭委員會，邀請協豐茶行的易志桓為主席。易志桓以不善工作為由婉拒，後改為他有股份的大來茶行為主席，信行茶行、祺棧茶行為副主席。風波過後，協豐茶行的營業額隨之下降。易志桓在廣州親寫悔過書，說明不勝任鬥委會的原因，才順利通過此關。[25]

　　由此可見，當時要用中國貨做生意需要大量條件，由於無法得到雲南號級的茶葉，取中國茶又有困難，因此香港商人亦從不同地方，如泰北、北越、金三角地區入口茶葉進行加工。上世紀六七十年代印尼有外匯管制，商人除利用茶青套匯外，又因成本極低，會以印尼茶青進行渥堆發酵。林君賢指出，香港早年的普洱茶，不少也是由這些東南亞國家的茶青混合製成。這點不無道理，從協豐行、天生行、萬春行、元亨、大來和松盛等曾組成「普聯公司」大

上　茶行商會國慶聚宴　圖片來源：港九茶葉行商會

上 *1966* 年中國支援北越的宣傳畫　圖片來源：網上圖片 [26]

量採購北越茶青到港進行加工足以證明。

　　提到北越茶，中越關係對茶貿易的影響也十分有趣。六十年代，中國鼓勵買越南茶支持兄弟抗美，但到了七十年代，中國與越南兩國關係轉差，後更爆發中越戰爭，買越南茶變援敵賣國，在港的「普聯公司」被勸喻不應銷售敵國產品，天生行更補以雲南沱茶的代理權作補償。其他茶商亦被知會違者斷供中國茶，並被視為賣國賊。一時間，北越茶無人問津，大量囤積於鯉魚門貨倉。林君賢笑指，當年中國與蘇聯及各國關係亦時好時壞，不出為奇。的確，外交關係歷來也沒有永遠的朋友和敵人。

　　早年茶行業之所以相比今天更為興旺，原來跟中國的政策有關。在中國改革開放以前，外國根本無法入口中國貨品，這為香港創造了十分優越的條件，使我們能夠成為轉口港。香港成為中國貨品「過冷河」的地方，貼上「香港製造」的貨品才能出口。上文提及過貝納祺於昂平的茶園，林君賢指它其實創造了一個「香港製造」的藉口，事實上，本地哪能生產如此龐大的茶葉數量。其後筆

者曾向樂茶軒負責人葉榮枝求證，原來該茶園遺址尚在，早些年更曾有他的後人打算改建為觀光茶園，不過沒有成事。中國改革開放後經濟發展迅速，其實也令香港逐漸失去轉口港的地位。歷史發展往往出人意表，世界與內地割裂和香港的文化獨立，成就了由一個小漁港變成國際大都會的土壤。現在於自由市場下，曾作為中轉的香港商人和茶行，反而漸漸失去優勢。

訪問完結之際，我們閒聊了一會，談及林君賢經營的困難時刻。林君賢笑指，從一開始賣茶便是一件困難的事情：十九歲入行，以幾十元租梗房，印些包裝紙便逐家逐戶去賣茶；後來一個人入貨、包裝、推銷，儲本錢租地舖，甚至於七十年代出口茶葉到非洲等地，一直做到現在。兒子接手後，生意也愈見規模，供應茶給各大五星級酒店、酒樓、食肆及航空公司，業務遍及東南亞與歐美各地。雖然艱難，但林君賢一笑帶過，未有把自己的經歷視為驕傲，反而給人的感覺是眼前坐着一位慷慨分享、以茶會友的潮州人。

左　訪問林奇苑茶行林君賢（左）

九｜洲｜行
淺談二十一世紀的中港茶行業起跌

茶葉市場見證着中國政治經濟制度的變遷。樂茶軒負責人葉榮枝指出，到了上世紀八十年代，中國改革開放，國家把農地分給茶農，使他們有了自由權，外來商人也開始直接向茶農買茶葉。這促使茶農想辦法令茶葉升價獲利。茶葉自由市場出現，小農各自為政，往往資金不足，限制了技術的提升，同時中國茶科所亦未能提供足夠支援，於是茶農為增加產量而大量使用農藥化肥，出現違規行為。後來，茶行業亦走向企業化，茶農合併，中小型企業崛起，發展茶業品牌。[27]

其中一個茶業品牌是雲南的大益茶業集團，於 2004 年收購原來是國營的勐海茶廠。而在香港的代理是九洲行，專營雲南勐海茶廠大益普洱茶零售及批發。筆者有幸訪問九洲行老闆莊永紅，了解香港在中國改革開放後的茶行業發展。

莊永紅憶述，中國改革開放以前，香港商人在內地很受重視，有相當地位。九洲行於 2009 年起專營勐海茶廠的大益茶，原來是大益茶業集團為了拓展香港市場而主動聯繫，由廠方直接配貨，也提供培訓。今天大益茶業集團是大企業，想不到當年在港尋找專營卻沒有很受歡迎，原因是 2006 年普洱市場因過分炒賣而萎縮，港人對普洱漸漸失去信心。後來情況得到改善，2018 年大益在中國約有三千多間分店，為了更有效監管品牌的質素，集團現在亦陸續淘汰管理欠佳的分銷商，提高要求，門檻大大增高。

改革開放後自由市場興起，市場的口味造就了茶行業的起跌。莊永紅於 2003 年剛接手九洲行的生意便跑到中國內地茶園選茶，又因父親在福建保持了良好的人脈，於是回福建學茶，跑遍了安溪、武夷山、閩東等地區。他發現當時茶農多是種植鐵觀音和茉莉，原本想找港人熟悉的壽眉也變得罕有。莊永紅形容，商人只看到眼前利潤，導致白茶差點消失，一直到後來政府大力支持，白茶才漸有起色。2003 年左右，茶業成了鐵觀音的天下，連紅茶亦沒落。當時的人學習台灣的輕焙火，很多人走訪過台灣後愛上烏龍茶，一部分原因是台茶清香，較易推廣。所以莊永紅也由鐵觀音生產做起，後期才轉為普洱。從中可見改革開放後，茶行業走進自由市場發生的微妙變化。

同樣，香港的茶行業相比六十年代時衰落，其實亦與不少外在因素有關，其中一個原因是酒樓的經營手法。莊永紅分享自己年輕時家族的生意沒有專注茶貿的原因。當時酒樓為了減低成本，向茶行購入八元以下一斤的茶葉，因此茶行須要尋找更便宜的來貨。然而當時雲南沒有售賣十元以下的茶葉，一分錢一分貨，我們不難想像那些茶葉的品質。酒樓以八元一斤的茶葉買入，卻收取茶客每位五元的茶錢，利潤相當可觀。莊永紅甚至指出，早年部分酒樓會重用茶葉並把其染色，幸好現時已甚少發生。後來聽從事酒樓行業的人士分享，部分酒樓和廚房本身以分賬的形式經營，酒樓須要以茶芥收入來維持生意，甚至應付租金，因此出現以極低價茶葉供應食客的情況。而其實大多數香港人日常品茶的地方就是酒樓，大大影響一般人對茶的認知。

上 九洲行代理大益普洱茶　下 訪問九洲行莊永紅（中）

注釋

1　劉蜀永：〈香港的風物：茶〉，中國文化研究院網站，https://www.chiculture.net/0217/html/d05/1205d05.html

2　林雪虹：《茶・壺・緣》。香港：向日葵文化集團有限公司，2014，頁145。

3　P.H. Hase, J. W. Hayes, and K.C. Lu, Traditional Tea Growing in the New Territories, *Journal of the Hong Kong Branch of the Royal Asiatic Society*, Vol. 24, 1984, p. 296.

4　Ibid., pp. 264-281.

5　David Faure, Notes on the History of Tsuen Wan, *Journal of the Hong Kong Branch of the Royal Asiatic Society*, Vol. 24, 1984, p. 70.

6　P.H. Hase, J. W. Hayes, and K.C. Lu, Traditional Tea Growing in the New Territories, *Journal of the Hong Kong Branch of the Royal Asiatic Society*, Vol. 24, 1984, p. 272.

7　21 至 22 頁四張黑白照的圖片來源：P.H. Hase, J. W. Hayes, and K.C. Lu, Traditional Tea Growing in the New Territories, *Journal of the Hong Kong Branch of the Royal Asiatic Society*, Vol. 24, 1984.

8　Ibid., p. 267.

9　溫釗榆：〈種兩千棵茶苗人手採茶炒茶 大帽山下的雲霧綠茶〉，果籽，2018 年 5 月 8 日，https://hk.lifestyle.appledaily.com/lifestyle/food/daily/article/20180508/20383823

10　圖片來源：Nick 攝，〈走進自家茶田 看炒茶技藝〉，《*Metro Pop*》，2018 年 4 月 19 日，http://www.metropop.com.hk/%E8%B5%B0%E9%80%B2%E8%87%AA%E5%AE%B6%E8%8C%B6%E7%94%B0-%E7%9C%8B%E7%82%92%E8%8C%B6%E6%8A%80%E8%97%9D

11　宋全林：《圖解普洱茶》。北京：中醫古籍出版社，2016，頁 57。

12　林雪虹：《茶・壺・緣》，頁 81。

13　同上。

14　劉勤晉：《古道新風：2006 茶馬古道文化國際學術研討會論文集》（第 1 版 ed.）。重慶：西南師範大學出版社，2006，頁 25。

15　顏婕：〈普洱茶・江城〉，《茶藝・普洱壺藝》，第 65 期。香港：五行圖書出版，2018，頁 29。

16　郭紅軍：〈從歷史發展及工藝演變的角度認識普洱茶〉，《茶藝 · 普洱壺藝》，第 64 期。香港：五行圖書出版，2018，頁 142。

17　林雪虹：《茶 · 壺 · 緣》，頁 167。

18　楊凱：〈號級茶尋蹤〉，《茶藝 · 普洱壺藝》，第 64 期。香港：五行圖書出版，2018，頁 85。

19　郭紅軍：〈從歷史發展及工藝演變的角度認識普洱茶〉，《茶藝 · 普洱壺藝》，第 64 期。香港：五行圖書出版，2018，頁 144。

20　林雪虹：《茶 · 壺 · 緣》，頁 165。

21　陳文懷：《港台茶事》（第 1 版 ed.）。杭州：浙江攝影出版社，1997，頁 46。

22　蔡寶瓊：《厚生與創業》。香港：香港荳品有限公司，1990，頁 15。

23　楊凱：〈號級茶尋蹤〉，《茶藝 · 普洱壺藝》，第 64 期。香港：五行圖書出版，2018，頁 83。

24　黃漢書、金仁：〈香港茶與壺〉，《茶與壺雜誌》，第 6 期。台北：浩天股份有限公司，1992，頁 82。

25　「港茶札記」，新星茶莊網站，http://sunsingtea.com/index.php?route=information/information&information_id=11

26　圖片來源：Xu Kuizhi , "Practice skills, be always prepared, support Vietnam, wipe out the American aggressor! ", May 1966. Chineseposters.net, https://chineseposters.net/posters/e15-471.php

27　廣東省茶文化研究院編：《茶人傳 · 卷一：在茶人的故事裏讀自己》。汕頭：汕頭大學出版社，2017，頁 72。

第二章

一九八〇年代以後的發展

新 | 式 | 茶 | 館 | 的 | 興 | 起

上世紀八十年代以前，香港的茶行業多採用老式經營手法，分為以售賣鐵觀音及烏龍為主的「潮式」和售賣六安、普洱、六堡等黑茶為主的「廣式」兩種。綠茶則只在國貨公司出售予上海人，在港並不普及。當時的人只視茶為日常飲料，茶行業與茶藝並沒有太大關係。

反觀台灣，六十年代經濟開始起步，政府鼓勵農業精緻化，茶葉價格與品質都見提升。直至 1971 年台灣退出聯合國，1973 年又遇石油危機，加上台灣外銷茶的重要輸出地東南亞又因戰亂而購買力大降，台灣茶葉外銷嚴重受挫。1974 至 1984 年的十年間，台灣政府開始以各種方法宣傳茶葉內銷，並極力提倡國人飲茶嗜好，台灣茶葉漸漸從外銷轉變為內銷中、高價位茶品為主的經濟形態。1980 年以後，台灣茶藝館林立，飲茶風氣的盛行帶動茶葉與茶器具等相關產業達到高峰，還有民間茶行、茶藝團體紛紛成立，並舉辦許多茶藝活動與文化交流，[1] 吸引不少香港人前往取經。

到了八十年代中，在港台之間的交流、台式茗茶的文化影響下，香港出現了新式的茶莊。其中福茗堂以精美的包裝和以中環商業中心選址，開創了把茶葉帶到中產市場的先河。後來亦有陳國義創辦的茶藝樂園，引進台灣的茶藝，還有大觀茶居等另類茶空間開始在本港出現；亦有因茶事而結社的茗集，例如真茶軒、水雲莊等。它們舉辦各種工作坊，以茶藝交流會友，成為另一種形式的茶行業。[2]

　　根據薛嘉發憶述，1988 年以前香港並未有專門品茶的茶館。
直到 1988 年，茶藝樂園的陳國義夥同郭希銘和楊智深，於廣東道
中港城四樓創立真茶軒。真茶軒於 1989 年改組，引入多位股東，
包括當時負責山石茶藝館的薛嘉發等。此外，在九十年代還有楊智
深與薛嘉發在尖沙咀一幢商業大廈頂樓開設的水雲莊，其後有鄧大
衛在窩打老道創辦別墅式的茗茶居、設計名人陳幼堅於山頂開設的
陳茶館、顏文正的奇香茶坊等。[3]

　　相對台灣而言，本地政府並沒有積極支持本地茶文化的發展，
各種茶藝相關的活動以僅有的資源，在不同的商業、宗教、政治背
景支持下斷斷續續出現。時至今日，才有致力推廣中華文化的茶文
化院、茶藝學堂等較具規模的私營教育機構出現，本章會逐一簡介。

左　茶藝樂園外貌

由|政|府|推|動|的|茶|文|化|活|動

上 茶具文物館　中 樂韻茶聚　下 四季品茗

由香港政府推動的茶文化活動主要來自康樂及文化事務署轄下的茶具文物館。其建築原為舊英國三軍司令官邸，在羅桂祥博士爭取下成為茶具文物館，於 1984 年開放，展出由羅博士捐贈的陶瓷及紫砂茶具。館內常設展覽「輕談淺說古今茶事」旨在介紹中國人的飲茶歷史，展出由西周至近代的各式茶具及品飲方法。館方亦舉辦各種與茶有關的活動，例如自 2011 年起舉辦的「樂韻茶聚」，以中樂配合品茶活動；還有「四季‧品茗」的茶藝示範，依季節變化，示範時令好茶。

_下 羅桂祥茶藝館

　　為推動香港的茶文化及陶瓷創作，茶具文物館自 1986 年開始舉辦「陶瓷茶具創作比賽」，迄今已舉辦了十二屆。此外，為進一步把茶文化推廣至學校，博物館亦設計了一系列以茶為主題的網上講座，提供輔助教材及延伸活動建議。而羅桂祥茶藝館是茶具文物館的新翼，於 1995 年啟用，是品茗及舉辦各項有關中國文化講座、茶藝示範和教育推廣活動的場地，其主要推行者是下述的樂茶軒。

由 私 人 推 動 的 茶 文 化 活 動

　　樂茶軒於 1991 年成立，2003 年開設羅桂祥茶藝館分店，由葉榮枝主理，向客人提供茶及素食點心，亦舉辦各項茶藝活動。2015年葉榮枝又與饒宗頤文化館合作，成立樂茶雅舍，設有多功能茶館及藝術展覽館。2018 年，葉榮枝與曾德成、徐展明、陳萬雄、高家裕等社會賢達成立香港茶文化院，旨在為香港建構有系統的茶文化平台，以推廣中華文化中德智體群美的生活智慧與修養，並致力成為推展國際性之交流學習的機構。茶文化院提供相關課程，涵蓋茶藝、中國文學、文化翻譯、文化管理、中國書法、繪畫、戲曲、花道等，招攬有志投身茶藝行業的人士報讀。[4]

左　樂茶軒　右　茶文化院開幕

基 督 教 與 茶 文 化 教 育 活 動

　　提到茶藝課程，其實早於 1988 年香港曾有一所擁有六千名會員的香港茶藝中心，與中國農業科學院茶葉研究所開辦全期四年的「中國茶葉研究考察國際證書課程」。香港茶藝中心更舉辦過中國普洱茶國際學術研討會和古茶樹遺產保護研討會。香港茶藝中心的創辦人之一葉惠民，亦是 1989 年成立的雅博茶坊創辦人。根據他們所辦的《茶藝報》，葉惠民是基督徒，雅博茶坊把推廣茶藝和傳播福音結合，在茶藝之上增加基督教文化的味道，成為使人和睦的文化。在《茶藝報》中，雅博茶坊與讀者又以弟兄姊妹相稱，甚為有趣。[5]

　　根據葉惠民在 2015 年的訪問，他開始投入中國茶之路是源於為突破機構籌辦的一個中國文化推廣活動。當時為了辦一個中國茶的攤位，他於上環、西環的老茶莊尋找資料，卻處處碰壁。四出探索下，在台灣愛上凍頂烏龍後便成立雅博茶坊。上世紀九十年代，他為了讓茶藝班學生實習製茶，曾不惜工本於粉嶺租地開設實驗茶園，請來內地茶農來港打理園務，更由杭州引入龍井樹苗。茶園亦對外開放，可惜因為虧蝕問題，地主拒絕續租，茶園於 2015 年左右結束。更特別的是，葉惠民曾於 1999 至 2000 年間，在香港添馬艦廣場、珠海賽車場、梅州客家土樓，甚至喜瑪拉雅山舉行四場大型中國茶會。其中香港茶會共有一萬二千人參加，創下世界最大型茶會紀錄，喜瑪拉雅山茶會同樣榮登健力士紀錄。[6]筆者在

馬拉松茶會介紹　　雅博茶坊

2019 年 8 月舉辦的香港國際茶展宣傳品中發現葉先生已在惠州成立了葉惠民石芽埧茶書院，並在大灣區開展他的茶文化園區，把曾在香港建立的茶園、茶藝中心等搬到內地。[7]

　　把基督教與茶文化結合並推行活動的機構，還有真理浸信會青少年發展服務中心。他們曾得到羅桂祥基金及田家炳基金贊助，由葉惠民的朋友伍建新博士主持，進行中國茶文化推廣計劃，入校教授泡茶技巧和茶文化講座，亦有組織內地交流團到天福茶學院（現改名為漳州科技學院）學習。由 2013 至 2017 年間，共有四十七間中學參與，進行過六十三場茶藝活動坊，後來也許教會有其他考量，推廣計劃暫告一段落。[8]

天福茶學院交流團

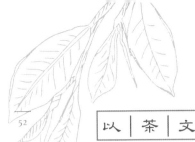

以茶文化交流的民間組織

　　類似的校園茶藝推廣活動還有於 2018 年成立的羅桂祥茶藝學堂，由台灣茶人陳采月主理。計劃的宗旨為引導香港中學生認識中國茶文化，透過學習中國茶文化，培養學生專注、有禮及親和的優良品格。茶藝學堂在 2022 年底完成服務五十三間本地中學的目標。陳采月是茶味小集的創辦人。茶味小集是茶愛好者交流的組織，由 2013 年起舉辦各種活動，主要分為三大類別：邀請茶人、專家、茶友主持的各類主題講座「茶味小聚」；舉辦茶藝課程的「精進作坊」；以及提供機會進行茶事創作交流的「茶味雅集」，當中亦有以青少年為對象的「T 計劃」之青春茶會雅集，走訪不同地方舉辦茶會，如露台茶座、公園茶座、各種配合音樂和茶藝的聚會。⁹

　　2020 年初新冠肺炎肆虐香港，有關茶的公開活動差不多完全停頓。直至 2023 年初各界開始重新出發，展現香港愛茶之人愈來愈多。香港城市大學率先於三月在校園舉辦「春三月」雅集；香港茶苗會與恒生大學亞洲語言文化中心合作，於五月初舉辦全港第一屆中學學界中國茶藝比賽。民間的茶活動也日趨活躍，例如 2024 年初在元創坊舉辦的「浮城茶墟」及饒宗頤文化館舉辦的茶趣市集，均為本地的茶行業及愛茶人提供了交流機會。

左上　香港城市大學舉辦的「『春三月』雅集：茶花香樂舞」活動海報

右上　第一屆全港中學學界中國茶藝比賽決賽場刊

左下　2024 年在元創坊舉辦的「浮城茶墟」活動海報

右下　「欣於所遇：茶趣市集」活動海報

其｜他｜活｜動｜及｜課｜程

　　除此之外，浸會大學持續教育學院及香港大學專業進修學院也舉辦不同的茶藝及茶學課程，提供相關的專業培訓。中國茶文化國際交流協會也有茶藝、評茶員培訓班等。[10] 2019 年 7 月筆者曾應邀出席一場假香港明愛白英奇學院和銅鑼灣皇室堡的仕宏拍賣有限公司的工夫茶論壇。活動一連兩天，分為茶會、論壇及大師交流會，為本地茶友提供了難得的交流機會。

　　由此可見，本地斷斷續續出現過各種茶藝課程和交流活動，茶文化教育和茶藝在上世紀八十年代以後加入茶的行業，茶行業不再只有茶葉買賣，亦配合文化元素，成為不少人的事業。然而這些茶藝活動和課程最終能否真正推動茶文化，茶會否僅被挪用作脫離茶本身的商業、宗教或政治工具，仍有待時間驗證。

左上　坊間茶藝課程　　右上　羅桂祥茶藝學堂老師培訓班　　左下　茶藝活動「T 計劃」　　右下　工夫茶論壇

1   黃怡嘉：《台灣茶事》。台北：盈記唐人工藝出版社，2017，頁 160。

2   鄧大偉：〈香港茶藝簡史〉，《潮藝網》，https://yfyq.com/KungFuTea/ Deeds/dcf069c9-dd00-410e-84cb-994800ff2850.aspx

3   「好雪片片」facebook 專頁，https://m.facebook.com/moments.teahouse

4   「香港茶文化院簡介展覽」，「樂茶雅舍」facebook 專頁，https://www. facebook.com/events/238569986818654/

5   陳文懷總編：《茶藝報》，第一版。香港：香港茶藝中心，1989。

6   羅佩明：〈無悔今生 雅博茶坊〉，《飲食男女》，2015 年 9 月 24 日。 https://hk.lifestyle.appledaily.com/etw/magazine/article/20150924 /3_17632884/ 無悔今生 - 雅博茶坊

7   香港茶藝中心簡介，2019 年 8 月 15 日。

8   真理浸信會青少年發展中心網站，2018 年 8 月，http://yes.org.hk/tea

9   茶味小站網站，http://chaway.yolasite.com/

10   中國茶文化國際交流協會網站，http://www.chineseteaculture.hk/

香江茶事

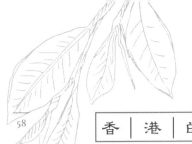

香 | 港 | 的 | 茶 | 樓 | 文 | 化

　　上一章零散地提及過茶樓對茶行業的影響，渣打銀行的新鈔背景也在茶樓，茶樓確實是香江茶事的重要部分。除了近年風靡的台式茶飲，一般本地人接觸茶的地方多在茶樓或現今的酒樓。

　　中國南方沿海各地如廣州、香港、澳門、廈門等，早已成為茶葉進出口的重要口岸及集散地。南方諸地產茶、喝茶，亦有供人喝茶的茶館，俗稱「茶樓」。南方的茶樓特別重視早茶及講究「一盅兩件」，即飲茶時要伴隨兩種或以上的茶點。茶樓早於清代同治、光緒年間（1862－1908 年）出現。當時在菜市場內已有簡陋的茶館，茶價只需二厘錢而被稱為「二厘館」，吸引勞苦大眾光顧。而本地最早的茶樓是 1846 年開設的三元樓和杏花樓。後來到了 1860 年亦有雲來茶居及楊蘭記茶社。[1]

　　香港的茶樓文化，在強調「水滾茶香」以外，還有點心作陪襯，反映了茶樓的茶文化混雜了廣東人重視吃的傳統，深受嶺南飲食文化的影響。二厘館（即簡陋的茶寮）形式在十九世紀四十年代便已出現，至於有文字記載的茶樓，始見於清代張德彝的《隨使法國記》，上面寫道：「同治九年（1870 年）途經香港時，曾在蘭桂芳的楊蘭記茶社小憩。」[2] 這所謂的茶社，就是當時外省人對茶樓的稱呼。其後如德輔道中的第一茶樓、大道中的嶺南茶樓、高陞茶樓等都是曾見諸文字記錄而頗有點名氣的。

　　上世紀五十年代以前，茶樓和平民茶居經營早午市，酒樓則做筵席，兼營晚市。以前的茶樓由早上四時開始經營，八時為最高峰

上 杏花樓　圖片來源：《茶・壺・緣》[3]

期，不少上班族都會飲早茶。而中午時段，做生意的商人會以茶樓為應酬之地，下午「三點三」又會有客人前來休息，四時左右便會關門。戰後酒樓才逐漸兼營早午市。曾幾何時，港九舊式茶樓林立，可惜到了九十年代，茶樓面對酒樓競爭和重建計劃，得雲、雲來、多男、雙喜、龍鳳等茶樓也拆卸改建，只剩蓮香、陸羽等寥寥可數。

三十年代的香港，喝茶的地方有茶室、茶樓、茶居之分，其中以茶室的格調為最高。陸羽茶室於 1933 年創辦，至今超過八十載，是本港僅有仍能保留典雅室內裝修及舊式香港飲茶特色的食肆。至於位於中環威靈頓街，有八十多年歷史的蓮香樓，桌椅全都是舊式的設計，保留了古舊式茶樓的風味。蓮香樓在香港曾經風光一時。在五十至六十年代期間，蓮香樓有夜茶和歌壇，茶客可以一面飲茶，一面聽歌。到六十年代中期，此種風氣開始沒落，蓮香樓也停止了這類活動。

香港人到茶樓，主要是品嚐「一盅兩件」，即一盅茶和兩款點心。以前茶樓大都有三層。五十年代，茶居的茶價為每位一毫，中等茶樓如嶺南、日男等則收一毫五仙至二毫。不同樓層收費亦不同，三樓的歌壇是高消費活動，需要近一元茶價，因而出現「有錢樓上坐，無錢地下踎」的說法。茶樓負責茶水供應稱為「企堂」或「揸水煲」，因為清末一名企堂誤殺客人的鵪鶉，自始茶客須要自行揭起盅蓋，企堂才會加熱水。

茶樓和後來的酒樓大大影響家庭式的茶消費市場和茶行業的經營。茶樓的茶葉多是由二盤、三盤商提供，香港進口的熟普洱多半

_左 陸羽茶室　_右 蓮香樓

是在酒樓消耗掉。酒樓提供熟普洱的原因是其茶色深，茶客不會輕易要求換茶。黑茶亦有助消化，一解點心的油膩感，其陳味和口感亦合乎廣東人口味。另一原因是它不像青茶，要在出廠後短時間內飲用，供應穩定。[4] 劉裕發茶莊的劉國浩指出，部分茶莊客人會向他尋求像酒樓般耐泡醇厚的茶，也有原本飲鐵觀音的客人因為上酒樓而轉變口味，因此茶莊過半數客人都是購買熟普洱的。[5] 事實上，香港開埠初期只是一個小漁村，居民以廣東人為主，人們多從事勞動苦力的工作，工餘飯後必定喝茶。從二厘館發展到茶樓及茶室是一種文化的演進，也是把飲茶從生活層面提升、融入文化藝術審美的精神領域的過程。

香 | 港 | 與 | 紫 | 砂 | 市 | 場

　　茶事另一個不可或缺的部分是茶具。今日價值不菲的宜興紫砂茶壺原來與香港大有關連。香港不但是宜興紫砂茶壺最大的經銷點，亦對早期推動紫砂藝術立下不少功勞。⁶其中由香港政府成立的茶具文物館專門研究中國茶具及茶文化，於 1984 年正式對外開放。維他奶集團創辦人羅桂祥博士於 1981 年捐贈了一批年代由西周至二十世紀，約六百多件陶瓷和紫砂茶具及相關文物，奠定了推廣紫砂文化的基礎。

　　今天茶具文物館展出羅博士珍藏的紫砂茶具，可謂見證和改變了宜興的紫砂文化。據說羅博士於上世紀五十年代某天路過一家古董店的櫥窗，看見一些頗為陳舊的茶壺，高矮肥瘦、造形各異的樣式深深地吸引了他的目光。這個偶然的初遇，讓他一口氣買了三十

⌞ 紫砂茶具

多件茶壺回家。經過一番調查之後，發現所買到的茶壺名叫宜興紫砂壺，自此之後他見壺就買，從而展開漫長的收藏之路。[7]

1979 年的秋天，羅博士首次走訪宜興紫砂工藝廠。當時正值文化大革命的末期，國家掌管了一切事項，要求文學和藝術為人民及社會主義服務。羅博士在工藝廠裏花了三天時間去了解製造紫砂茶壺的整個過程。第一天先觀摩陶工造壺的情況，第二天則到工藝廠各個部門參觀，看礦石的處理，並到窰坑觀看茗壺的燒製過程。到了第三天，羅博士向工藝廠的經理要求會見一些資深的陶藝師，和他們交談。羅博士提出這個交談的要求，主要是由於他在參觀工藝廠時，發覺陶藝師製作的茶壺質素很差。那些作品不但造工粗糙，而且每個都印上同一款字：「中國宜興」，與明清時代陶工各自在作品上署名的做法截然不同。

在結束行程的一天，羅博士自我介紹為宜興茶壺的收藏家，並展示一些他所收藏的明清紫砂壺照片，表達對陶藝師所製茗壺的質素很失望，查詢他們不能創製如照片中的古壺一般優秀的作品原因。所有人頓然鴉雀無聲，然後其中一位回答：「不錯，我們可以做得到，但是沒有人會購買。」羅博士疑惑地追問原因，他們解釋說：「因為價錢太高。」羅博士隨即用肯定的口吻說：「我一定會買。」經過一番交頭接耳的討論後，經理終於開口問羅博士對所說的話是否認真。於是羅博士建議他挑選二十位最優秀的陶藝師，算出他們年產作品的總和，跟着簽約把所有生產的茗壺買下，並訂下三個條件：

（一）每位工藝師必須在自製茗壺上署款；

（二）每位工藝師必須在作品正式生產前先造製板；

（三）羅博士有權檢查產品並拒絕接受不符合製板規格的茗壺。

上 八十年代宜興紫砂工廠內

終於在兩年後，羅博士的訂貨全部完成。當作品運抵香港後，羅博士安排它們在 1984 年茶具文物館開幕的「宜興紫砂器」展覽中展出。是次展覽吸引了大批中外人士參觀，其中包括台灣和新加坡的遊客，大大提高了大眾對紫砂茶壺的認識和興趣。初版的二千本展覽目錄迅即售罄，其後在 1986 年再版的目錄亦在短期內被搶購一空，創下茶具文物館的銷售記錄。通過這個展覽，加上茶具文物館的不斷推廣，宜興紫砂工藝開始重新蓬勃起來，而且發展迅速。羅博士在 1979 年初到宜興探訪時，僅有一家紫砂工藝廠及少於四百名工藝師；到了 1994 年已增加至二十家以上的工廠，聘請超過一千位工藝師。[8]

根據葉榮枝的説法，最初羅博士並沒有打算成立公司，只是當時中國工廠都歸國營，故宜興紫砂茶壺的買賣須要透過南京工藝品進出口公司，後來因為港商的優勢以及與南京當局多番商量，便於 1980 年成立雙魚藝瓷有限公司。羅博士為推動內地工藝發展，找來利榮森、麥雅里、葉義、毛文奇等收藏家好友加盟，又派葉榮枝訪遍中國瓷窯，幫羅博士到世界各地蒐集瓷器，送給內地工廠參考。這些行動打破了以前只能生產那些印在二三十年不變的圖錄上的款式。[9]

然而根據陳國義在其著作《壺中日月》指出，香港八十年代以前的古董店多半不太理解宜興紫砂茶壺，部分店舖還售賣以黑墨油上色的仿宜興紫砂老壺。當時在皇后大道中尾段連接皇后大道西左邊的路上有不少店舖能夠找到這些仿老壺。[10] 可是到了八十年代以後，香港卻成為紫砂行業的重地之一。其中原因是因為七十年代台灣經濟起飛，加上台灣政府大力支持茶行業，宜興名家壺開始受到台灣茶愛好者和茶商關心，渴望買好茶、用好壺。當時內地與台灣

資訊不通，宜興茶壺須要經由香港轉手，因此紫砂壺身價便扶搖直上，由七十年代三人標準朱泥罐三百元台幣一把，漲價至一千元台幣一把。[11]

七十年代時，朱泥和紫砂壺沒有太大價差，紫砂形制也沒有太多花樣，大多是流行標準壺的款式，壺只為泡茶而用。八十年代情況已經完全改變。這麼大的改變，主要原因是香港壺商籌組四大公司，包括上述的「雙魚藝瓷有限公司」、「錦鋒國際貿易有限公司」、「英泰貿易有限公司」和「海洋紫砂陶藝公司」，開始長期向宜興工藝師訂製茶壺。當中 85% 銷台灣市場，15% 為本地個人收藏。「錦鋒國際貿易有限公司」由趙小蝶和其丈夫於 1986 年成立，2007 年解散。「英泰貿易有限公司」則以固定客戶為主要對象，做中、低檔壺批發。而「海洋紫砂陶藝公司」亦有內地投資，於 1992 年在宜興合資「昌海手工藝仿古陶有限公司」。[12]

當時四大公司亦透過縝密的行銷手法，在香港、新加坡、和其他東南亞國家舉辦茶具展，提升工藝師的知名度，令市場出現行情，而主要的銷售對象便是台灣人。[13] 在會場中，四大公司曾找來名畫家坐鎮，例如程十髮、唐雲等人題祝賀詞，提高紫砂壺的聲

九十年代宜興紫砂工藝廠

景德鎮 宜興陶瓷展銷會隆重舉行

中國工藝品進出口總公司、江西陶瓷進出口分公司、蘇州陶瓷出口部、中藝（香港）有限公司聯合主辦　雙魚藝瓷有限公司贊助

時間：八三年一月二十二日至二月三日
地點：中藝（香港）有限公司油麻地・星光行商場

宜興陶瓷特刊

江蘇省陶瓷出口部經理曲俊奎表示
陶瓷藝苑奇葩盛放
徐州江陰新設產區
宜興陶瓷展銷會全面展示江蘇陶瓷近貌

承先啟後 新舊並蓄
——香港藝術館副館長曾柱昭談觀後感

青瓷

雙魚藝瓷有限公司
專門推介陶瓷精品

外國博物館專員曾來物識藏品

青瓷碎紋藝術釉

陶瓷九龍壁
形態夠逼真

盆花砂紫
友佳栽植

江蘇陶瓷品種
五朵金花放異彩
二十大類產品各具特色遍銷海外

上 中藝陶瓷展覽媒體報道 14

勢。[15] 香港壺商又會在東南亞舉辦茶壺展覽，拉高紫砂壺的身價，創造市場。例如在新加坡的展覽售價一萬元的名家壺，在台灣卻只賣六千元。當人們到東南亞看到展覽及行情，便覺得自己在台灣買到了較便宜的好貨，以為在台灣繼續買紫砂壺，壺價便會繼續攀升。有了增值的希望，便會帶動茶行業和茶藝館從業人員繼續炒賣。

本地推動了有價有市的紫砂炒賣市場，引致台灣出現以壺為題材的專刊和書籍。一些本來是學術研究的書籍，搖身一變成為了交易指南。當時壺集開始加入宜興原料的介紹，配上採砂過程的實景，強調紫砂土的稀罕性；又為工藝師列傳，描述他們的生平事跡，還請工藝師與創作者合影彩色照片，證明壺的真實性，開始「憑書對壺」。[16] 茶行認為有利可圖，不同書籍開始講述宜興紫砂的傳奇，當中充斥各種茶壺背後的「故事」，甚至出現一些說法，指早期的泥土不再開挖，名家一年限量生產，某壺式準備漲價的傳聞，令不少人產生以紫砂壺增值發財的夢。台灣茶學專家池宗憲曾在《痴壺者談壺感言》中建議擁壺者，在壺的資訊仍停滯在耳傳口

左 台灣《茶與壺》雜誌

上 假壺充斥市場

說階段,四周充斥五花八門的訊息,擁壺者也許可以思考一下,壺
自身的藝術價值何在。

　　八十年代起至九十年代,港商壟斷了台灣紫砂壺的進口。當時
台灣人稱這些經由香港轉銷的紫砂壺為「港壺」或「港罐」。但因
當時法令未開放進口,這些被視為「匪貨」的中低檔紫砂壺,大多
是經非正式管道進入台灣。曾有段時期,海關查察嚴格,一些壺底
有「中國宜興」印款的,甚至須要在台灣境外予以磨除才能入境。[17]
到了八十年代末,台灣商人索性直接走入中國內地取貨,香港紫砂
市場的模式又再一次改變。[18]直到 1992 年,台灣開放紫砂壺進口,
改變了港商壟斷的局面。事實上,中國大陸與港台三地的特殊關
係、三地商人的往來,某程度上造就了高價紫砂市場的開端。

與│羅│桂│祥│的│半│生│緣：
專訪樂茶軒葉榮枝

「我的大半生都在茶具文物館中度過。」葉榮枝一邊喝着一杯泡得濃濃的熟普洱，一邊回憶道。

葉榮枝是現今香港知名茶文化工作者，皆因多年來累積的知識和經驗，他的名字在各大茶展經常出現。除了身為「樂茶軒」老闆，他身兼多職，包括香港茶道協會會長、世界茶聯合會常務理事長、大學客座教授、多個茶文化會顧問，並編著多本茶文化書籍及為雜誌撰寫藝術及茶藝專欄。

行內人提起葉榮枝，很自然便想到維他奶公司老闆羅桂祥博士。葉榮枝相繼以香港中文大學文物館研究員和雙魚藝瓷有限公司經理的名義，協助研究羅博士的紫砂藏品、茶具文物館的籌劃，還有館內雙魚禮品店的經營。離開雙魚以後，葉榮枝自立門戶，創立樂茶軒。2003 年起，樂茶軒在茶具文物館的新翼羅桂祥茶藝館經營。在此之前，如以結識羅博士那年開始計算，他投身茶文化界已經四十多年了。

上　訪問樂茶軒葉榮枝

　　聽着葉榮枝娓娓道來他的入行經過，只感到緣分的造就除了偶然與巧合，還需要參與者本身的背景。葉榮枝自小是老式茶樓的常客，對喝茶文化耳濡目染。唸中五的時候，某天放學偶然去逛國貨公司，看到一個精緻可愛的小茶壺，遂掏錢買下他第一個紫砂壺。如此陸陸續續收集，最後買了三十多個茶壺。中六時心念一起，花了幾天溫習中文，就以 A 級成績考進香港中文大學的新亞書院。這個機緣除了讓他重拾高中以後就再沒碰過的中國藝術，更因常常與老師喝工夫茶而對茶文化產生興趣。愛上中國藝術的他於是決定修讀美術學位，1977 年畢業後投身於中大中國文化研究所，主力陶瓷研究。

　　1978 年某天，葉榮枝從屈志仁館長得知，文物館承接了當時市政局主席羅桂祥博士的委託，進行有關紫砂藝術的研究，並推薦他負責該項計劃。葉榮枝憶述：「當時已有不少收藏中國文物的民間藏家，如利榮森、胡惠春，相較起來，羅博士算是較晚起步。於是他選擇鮮為人注意，自己又鍾愛的紫砂作為收藏類別。」

　　然而研究紫砂的過程並不容易。「雖然從《四庫全書》中能夠找到唐代陸羽的《茶經》、宋代蔡襄的《茶錄》、宋徽宗趙佶的《大觀茶論》、明代許次紓的《茶疏》等等著作，但零散的書籍非常少見。」葉榮枝翻遍茶和茶具的典籍，從每本書逐段抽取有關記載，日本奧玄寶的《茗壺圖錄》、李景康與張虹於上世紀三十年代的《陽羨砂壺圖考》也是他的探索範圍。

　　除了查考文獻，葉榮枝也有機會親手研究及鑑定羅博士的藏品並提出購藏建議。他認為假冒、欺詐風氣現在沒有以前般猖獗，作品容易看到歷史脈絡。香港中文大學文物館於 2016 年舉辦「宜興

紫砂陶藝與文化」展覽，其出版圖錄指出北山堂的某些紫砂藏品實出自上世紀二十年代上海古董商人所聘用的工藝師之手。對於此時代的紫砂製品，葉榮枝認為是創造式的物品，並非跟隨一件真品而製，因此較易分辨。他說：「中國人普遍認為古代的工藝品比較精美，可事實上是錯的，因為工藝品需要經過歲月的歷練。就技術層面而言，東西愈細緻，所需技術愈高；技術愈發進步，工具便更加複雜。比如說，同時燒製大量瓷器是種非常困難的技術，須到後期才能量化生產優質的作品。」

1979 年秋天，羅博士與葉榮枝首次到訪江蘇省宜興紫砂工藝廠。基於羅博士的身份，加上當時少有港商到訪，是次參觀非常隆重，接待的包括書記賀盆發、工藝廠負責人高時奎、工藝師顧景舟、徐秀棠等等。他們準備充足，甚至所說的每一句話均事前經過開會商討。不過，工藝廠方面的慎密也讓他們哭笑不得。記得每當參觀完一個地點，工藝廠方面都會送上一條熱毛巾供其抹手。起初只以為對方照顧周到，後來才得知是對方怕他們偷取泥料回港研究，洩露商業秘密而準備的工夫。1979 年的紫砂之行意義重大，它打破了一直以來內地國營工廠的銷售模式，從只能購買「二三十年都沒變」的圖錄所列貨品，到要求工藝師製作獨特款式的作品；更透過兩年後的「宜興紫砂器」展覽，成功向海外推廣此行所訂購的紫砂器物。

對葉榮枝來說，此行是令他由文化人變成半個生意人的契機。在此之前，葉榮枝表示，羅博士根本沒打算成立公司進行紫砂買賣。話說當年羅博士欲購買紫砂器物，最初竟遭工藝廠拒絕。原來當時中國大部分工廠都是國營企業，故宜興的買賣必須透過南京工

藝品進出口公司。在回程上海的路上，羅博士對葉榮枝說：「假如你幫我買貨的話，我們就成立一間公司吧。」葉欣然接受。於是葉榮枝打電話去了南京，那邊決定開會商討。跟着他們取消回港機票，從上海坐火車到南京。南京方面非常緊張，與工藝廠多番商量，並出動所有代表開會，經過一番轉折才最終簽訂合同。雙魚藝瓷有限公司接着於 1980 年正式成立。

要令產品取得成功，必須有許多因素造就，而羅博士看重的是品質。葉榮枝第一次經營生意，對待事情格外緊張慎重，事先準備了十幾款商標草圖供羅博士選擇。不料端上草圖時，對方泰然說：「甚麼設計都無所謂，最重要是你的店舖開得夠久，人們看久了就會習慣。如果你的產品質素不好，任你的商標再美，也不會刺激銷售。」他恍然大悟：「羅先生教我要懂得分辨本末。」

羅博士花了不少心血經營公司，希望推動內地工藝產業發展。當年他找了幾位敏求精舍的藏家好友加盟，並配合公司發展仿古瓷器的經營方向。葉榮枝訪遍中國瓷窰，考察瓷匠工作及瓷器質素，並與羅博士從世界各地蒐羅許多精美瓷器，送給內地瓷廠參考。然而最終發展平平，只有紫砂茶具賣得最好。「記得當時瓷廠的人豪言：『這種貨色我們也做得來。』怎知一年後再次到訪，連一件瓷器也沒製成。」看來付出若沒有找到共鳴，往往只是一廂情願。

6 雙魚首批出售的紫砂茶壺，

何道洪製

上世紀八十年代，葉榮枝除了負責雙魚藝瓷有限公司的營運，仍不斷協助羅博士的紫砂研究。1980年，羅博士結合之前的研究成果，出版《宜興陶藝》；四年後茶具文物館啟用，除舉辦各個茶文化的展覽外，又開設禮品店，雙魚藝瓷透過公開投標取得禮品店的經營權。後來他亦協助著書《紫砂春華：當代宜興陶藝》，並建議羅博士進一步推廣茶文化，最終促成設立羅桂祥茶藝館。

1991年，葉榮枝離開雙魚，結束與羅博士多年的賓主關係。葉榮枝表示，這是因為覺得紫砂茶壺的市場即使再蓬勃，也有停下來的一天。他認為上世紀八十年代末內地改革開放，大量台灣商人湧入內地，直接向工藝師取貨，以賺取更高利潤，打亂了整個紫砂市場模式。他遂改為從茶葉方面着手，希望延續茶文化的生命。他沒有利用過去的紫砂人脈網絡來發展事業，而是重新到訪各個茶山，拜訪茶農，成為首位直接向茶農採購茶葉的港商。

不過兜兜轉轉，葉榮枝又重回茶具文物館。2002年，政府決定開放羅桂祥茶藝館地下作茶文化交流食肆，他不惜以高價公開投得經營權：「我希望這裏能成為純推廣茶文化之地，而非一般茶樓食肆，以食物作招徠，喪失茶的真味。一年後，走中國古典風的樂茶軒開業，提供各種名茶及素食點心，可惜碰上非典型肺炎疫症，生意大受影響，又要兼顧上環總店，財政遇到重大危機。幸好志蓮

左 茶具文物館　右 茶具文物館內的雙魚禮品店

淨苑友情借出店舖家俬及供應點心，節省開支，才渡過難關。」

從羅博士身上，葉榮枝學到的是一份堅持。當年羅博士創立維他奶的故事對他影響至深。羅博士是因為一場講座而辭職，滿懷理想要開發平民能夠消費的豆奶，即使遇上種種挫折亦未曾放棄。聽說當年戰亂，羅博士帶領家人走難時，意外發現經高溫燒煮的豆漿不會令人出現嘔吐等不適症狀。後來他找了一個科學家做研究，引進高溫消毒技術生產的豆奶，又陸續開發無菌包裝、改進行銷手法。在收藏紫砂之路亦如是，他委託中大進行研究、親身訪談宜興廠家和內地紫砂專家、著書、策展、籌劃博物館、開辦藝瓷公司，種種行動都看到他對紫砂藝術的熱情。

「生活就是要以一顆專注的心去做任何事情、關心身邊的事物，並活在當下。」葉榮枝說。在茶文化圈子打滾多年，他為了保持茶葉質素，訪遍內地茶山。每逢外遊旅行，他都拜訪與茶有關的地方：茶友、茶室、茶葉店、古物市場、博物館等，豐富自己的眼界。他記得某日自己寫了一份備忘給羅博士，羅博士看完以後，把白紙摺起，然後剝走寫過的部分，空白部分則收起。以後葉榮枝做事也份外注意，避免浪費。即使後來開拓了自己的天地，葉榮枝仍不忘當初羅博士的提攜，亦希望繼續在羅桂祥茶藝館中經營樂茶軒，延續這段半生緣。

上　羅桂祥茶藝館中的樂茶軒

第三章　香江茶事

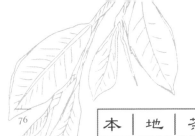

本 | 地 | 茶 | 人 | 的 | 故 | 事

　　當我們嘗試理解香港茶行業發展之際，不難發現茶行業包含了專業的手藝，經歷前人不斷的經驗累積，説它們是「茶工藝」亦不為過。選茶、藏茶、包裝、焙茶、沖泡等每一個程序，都會影響茶湯的品質。談及香江茶事，不得不提香港在整個普洱藏茶技術和發展上的貢獻。

　　普洱倉儲的方法有很多，大致可分為濕倉和乾倉。濕倉是一種採用灑水、封閉式的陳茶過程。其中一種發酵的方法是渥堆。大規模的渥堆最初於廣東地區出現，再傳到雲南。而乾倉則位於高地，因為空氣流通和陰涼的地方適合作自然發酵。以前的倉庫亦可以分為公倉和私人倉。私人倉規模小，但可以因應個別要求研發更佳的空間。茶的倉儲並不只是單純找一個空間放置貨物，倉儲的方法皆影響到茶葉的味道，須要解決茶葉吸入雜味、怕潮濕易發霉的問題。

　　由於香港人一般偏愛順、滑、甜的口感，未經存放的普洱茶葉會帶有菁味和較為寒涼，不是每個人的身體也能接受。因此，本地茶商為了盡快把普洱茶葉轉化為市場歡迎的口味，就發展出「地倉」的倉儲方式。香港的倉儲包含了茶商的經驗和創意，甚至為台灣和內地的藏茶建立基礎。茶倉也使年代久遠的普洱茶得以流傳至今。倉儲的方法有很多，皆與香港有莫大關係，下述將分享三位本地茶人的故事。

福|華|茶|莊
專訪「熟茶之父」盧鑄勳

　　祖籍順德的盧鑄勳生於 1927 年，自十二歲起先後在香港永興隆梅（菜）莊和澳門英記茶莊當學徒，鍛煉茶葉加工技藝。於上世紀三十年代創辦的英記，至今仍保存傳統茶莊的風格，初期主要以向茶樓、商舖等批發各類茶葉為經營方針，如六安、鐵觀音、水仙、烏龍、壽眉、普洱。受抗日戰爭影響，當時不但內地茶市癱瘓，大量富豪、商人亦南下到未被日軍佔領的澳門避難，為當地的本銷、內地返銷及外銷市場帶來商機。茶莊須增加貨倉，並增聘大量人手，而員工多為熟人介紹的同鄉，盧鑄勳因此受惠。十九歲時，他萌生將青茶製成紅茶的念頭。事緣當時紅茶市場蓬勃，以湖南的功夫紅茶為例，價格幾近下級青茶的三倍，若實驗成功，利潤將十分可觀。

└ 訪問福華茶莊盧鑄勳（右）

可是如意算盤豈能隨意打響？雖然他當時已習得篩焙、蒸製各類舊茶的技術，甚至花光兩個月的工資，購入各種味道的食用香精加入茶中，如玫瑰、迷迭香，但成品徒具紅茶湯色，而失其清香風味，於是他不斷檢討製作工藝，利用無數個深夜反覆試驗。最終他採取一比五的比例，將水加入青茶，以雞皮紙袋包裹發熱至七十五度，接着反覆翻堆控制溫度，待氧化轉紅至七成乾後，存倉六十天，泡出比蒸製舊茶色澤更為深褐、茶味較淡的茶湯，成為今天普洱熟茶的初貌，大大縮短原本自然存放所需的氧化時間。

1949 年新中國成立，並推行統購統銷政策，貿易收歸國有，產品由國家統一調撥、定價。茶葉改由中國土畜產進出口公司管轄，下設廣東、福建、上海等三個口岸茶葉公司，分別經營普洱茶和特種茶：烏龍茶、白茶和花茶；紅茶及綠茶。政策的變動造成當時的商人外流。盧鑄勳於 1954 年到香港結婚後就在長洲扎根，在新興

左　年輕的盧鑄勳於長洲貨倉

街創立福華茶莊，前舖後廠，打算順應當時青茶崛起的潮流，以印尼毛峰青茶配以自創加工手法在市場上分一杯羹。開始時當然困難重重，但仍然靠自己的口才與雙腳往來各大茶行推銷，不單純依賴經紀，終在一個月後找到第一宗生意，賣給灣仔龍門茶樓，其他則作外銷用。

每個茶人都有一段故事，正如每款茶都總流傳一段掌故。姑娘茶是沱茶的一種，它不但有個可愛的蘑菇造型，命名由來也十分有趣。傳聞以前的採茶姑娘為了籌集嫁妝準備自己的婚禮，在每次採茶的時候都會不動聲色，逐少逐少地把茶葉緊壓成球狀，藏在自己的衣衫裏面。當收集到一定份量後，她們就會拿到市場上售賣。後來球形逐漸演變成今天所見的蘑菇形狀。

話說盧鑄勳在 1956 年接到一宗巨額訂單，買家唯一洋行要求在兩個月內生產十二萬六千個姑娘茶，分一千支裝成，總重量逾三十公噸。這無疑是個極大挑戰！從沒做過此茶的他為了爭取生意，花了一周進行研究，自製木頭壓機、提供樣品。不過，對規模不大的福華茶莊來說，單要籌集資金購買如此數量龐大的原材料（毛青）已非常吃力，而最初洽談的經銷商更坐地起價。幸得友人穿針引線，說服聯隆行出資；又經泰興祥的介紹，令當時位列五大

左　福華茶莊出品的姑娘茶

經銷商的永生祥、元亨和協豐答應聯合供應毛青,才能成事。盧鑄勳立刻動員日夜趕工,終以四十天提早完成,並將品牌命名為「寶藍牌」。然而,此單雖價達三十四萬元,他卻只賺取到工資,體現了做茶人的辛酸。

茶葉加工這門功夫的辛苦不為外人道,盧鑄勳的三女回憶道:「我爸爸非常勤勞,每天早上七時工作,晚上將近十時才下班。」她記得,當時父親要用六個炭爐焙火,每隔十五到二十分鐘就須為茶葉翻堆,直至茶青從青色轉為黑色。茶葉數量龐大,還有蒸壓、包裝等工序,所需體力與心力盡非寥寥數語所能形容。

1957 年,南洋經濟低迷拖累香港,令福華茶莊面臨巨大財政困難,盧鑄勳經歷了人生中最大的挫折。由於無力償還四大南洋莊的借貸,其中三位股東選擇撤資,盧鑄勳唯有動用個人資產回購生財器具,加上償還當年合股時向妹妹相借的四百元,家財只剩二十多元。他記得還款當日下午,向四家姐借了三斤米,又向七妗母借三元買菜,家裏才有晚飯吃。若非剛好接到一份古勞銀針的訂單,又有茶行永生祥答應賒貨,實在無法支持下去。兩年後唯一洋行又帶來一份一千五百支的緊茶訂單幫助茶莊熬過困境。盧鑄勳感嘆地說:「天不絕我!」[19]

盧鑄勳的故事反映出一份典型香港人的拼搏精神。當年他研發普洱人工發酵,並沒有甚麼弘揚中華茶文化的偉大理想,純粹為多掙一分錢,為家人爭取較好的生活而已。即使研發成功,也沒有把配方據為己有,而是大方與人分享,未收分文。「大家都是『搵餐飯』嘛(為了糊口),何必計較呢。」他語帶輕鬆地說。一次次的

慷慨分享，在五十至七十年代將熟茶加工技藝直接或間接傳至廣州、曼谷、雲南、長沙、越南等地，不知不覺地帶動了普洱產業的發展。時至今日，普洱熟茶製作愈發嚴謹，在茶源、水質、生產環境、工作人員服飾、檢測都有規定，製作方法甚至被列為國家機密。學術界也不斷發表研究報告，追求普洱茶的品質提升。

在歷史洪流的推進下，港澳的茶業和茶樓都幾近式微，澳門英記茶莊改以零售為主、屹立六十年的龍門茶樓於 2009 年結業。幸而盧鑄勳後繼有人，他的長子和二子接手了他的茶葉生意，並另創立了盈豐茶業公司。三女留守長洲福華茶莊的新本店開發甜點業務，成為遊客到長洲必吃的推介食品。在甜點櫃的背後，仍能聞到那股濃郁的茶葉香氣。他其中一個徒弟楊慧章，在學成普洱茶製作及加工技藝後，亦開展自己的茶葉進出口及批發生意，創辦新星茶莊。在 2007 年，新星茶莊特製了七子餅，並印上香港茶文化研究者王漢堅的《盧鑄勳》詩，紀念這位茶人的貢獻。

左 新星茶莊於 2007 年推出的七子紀念茶餅

劉┃裕┃發┃茶┃莊
劉國浩的茶倉

　　常說潮州人愛茶如命，喝茶是他們日常生活的必需品，尤其喜愛工夫茶。如果想驗證這種說法，走進劉裕發茶莊，與劉國浩和兒子劉原亦品一杯茶，你就很容易感受到他們對茶的執着和認真。

　　劉裕發茶莊並非一開始就以現在純粹賣茶的形式經營。早在1961年，劉國浩與父親是在東頭村當上門的小販，向同鄉售賣零食和茶葉，後來得知長洲有六堡茶加工場和批發公司，便每年向他們訂貨，及後在東頭村開設了一所士多，售賣各式各樣的食品和茶葉。劉國浩告訴筆者，當年賣茶主要是以賣給一般家庭為主，而家庭對茶葉的用量不大，因此他們會自行包裝小包的散茶，以方便顧客。1985年，劉裕發士多遷至樂富街市，改為專賣茶葉的劉裕發茶

左　劉裕發茶莊

莊，2003 年再遷至樂富廣場，筆者每次經過茶莊，總會被濃烈的
焙茶香氣吸引。

　　訪談中有一個有趣的小插曲。原來不少人也以為劉國浩或他
的父親名為劉裕發，但事實並非如此。早年的商店起名講求「意
頭」，多以寓意生意好的字詞為名，因此把士多起名為「裕發」。
而當時亦流行把家族的姓氏掛在店名前，所以茶莊名為劉裕發茶
莊，而非茶莊裏真的有人名為劉裕發呢！

　　回到藏茶的主題，劉裕發茶莊也在工廈自設茶倉。曾有雜誌報
道過他們的茶倉：劉國浩與父親於多年前已自設茶倉，儲蓄普洱
茶，穩定貨源。像這一類以零售為主的茶莊的私人倉還有「退倉」
作用。由於放過地倉的茶比青茶好喝，所以茶莊會買入地倉茶，但
是剛出倉會有一股地倉味，因此須要在自設的倉庫存放一段時間來
去除倉味和引發出陳香。[20]

在劉裕發茶莊訪問劉國浩（右）

劉裕發茶莊的茶倉設置了一個專為普洱茶而設的「通風倉」和緩衝區，倉的末端設有二十四小時啟用的抽氣扇，把存茶室的空氣抽到緩衝區。這樣把空氣向外抽出，加上劉國浩特別在大門下開的氣孔，使外面的空氣必須流入通風倉，成為循環不息的流動空氣。緩衝區和抽氣扇出風口向下的金屬外殼，還有助避免颱風季節雨水進入茶倉的風險。

有了設計得宜的茶倉也不代表存茶的工藝就此結束，翻倉也是重要的工序。劉裕發茶莊以零售為主，存茶的款式種類多，每隔兩年也要翻倉一次，免得最後茶葉放了好幾十年以後，壓在最底的會不好喝。劉裕發茶莊翻倉時會把本來朝底的原支翻向上，疊在最高的壓到最底。

他們每一次買貨也很小心，要檢查貨品會否有小昆蟲，經常打掃、吸塵，保持茶倉清潔、通風和黑暗。茶葉要用倉墊板墊高，不可以接觸地面和牆壁，否則會吸入混凝土味。牆壁濕度高，會令茶

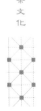

葉吸收超過陳化所需的水份而黴變。茶倉選址也不能馬虎,上一手業主如果是五金行業,會令茶葉吸入金屬和化學原料味。倉外也不可以有空氣污染,以前他們還要避開染布工廠發出的顏料酸味。[21]

回想當日會見兩位劉先生,確實是令人愉快的回憶。他們十分健談,毫無架子地慷慨分享。訪談途中有幾位熟客前來品茶,甚至加入我們的對話,客人在茶莊學會品茶,也超越了金錢買賣的關係,令筆者了解到以茶會友的真正意思。

茶│藝│樂│園
陳國義與八八青

陳國義是茶藝樂園的創辦人、本地著名的茶人。1950 年隨父親來港,曾經用十二年時間在夜校修讀英語,當過推銷員,銷售英國和瑞士品牌的石油產品,後來更被英國石油產品 Rocol 公司指定為香港獨家代理商。八十年代,陳國義在台灣公幹時愛上了茶,覺得石油產業對自然造成污染,1988 年毅然放棄經營多年的石油生意,投身茶行業,於荔枝角工廠大廈創立茶藝樂園。

熟悉普洱市場的人都應該對「八八青」不會陌生,而「八八青」是 1992 年陳國義一批由陳強手上買來的八十年代末期勐海茶廠出品,是未經發酵的生普洱茶。當年陳國義分批買入了二十噸茶餅,因為該批茶與茶藝樂園成立的 1988 年接近,而且八八是吉利的數字,所以起名為「八八青」。起初,由於「八八青」不是港人熟悉的熟普洱,嚴重滯銷,甚至令茶藝樂園經營出現困難。

⌐ 茶藝樂園內部環境

陳國義於是決定把「八八青」茶餅納入茶藝課程，增加港人對生普洱的認識。數年後，因為接近九七主權移交，茶友欲購買大量茶餅移民海外，茶藝樂園的茶藝課程大受歡迎，茶餅由 1993 年八十元一餅漲價至 2003 年五百九十元一餅。2003 年非典型肺炎重創本地經濟，茶莊面臨倒閉，陳國義甚至須要抵押所有物業。奇蹟於 2005 年再現，他接到查詢「八八青」銷售的來電後，決定減價至二百元一餅賣出。其後普洱青餅炒賣盛行，很多人一下子前來搶購「八八青」，陳國義僅一個月便賺到三百多萬元，清還所有債務。「八八青」多年來經過炒賣，2014 年以五百萬人民幣一支（七餅一筒，十二筒一支）成交，刷新了普洱茶餅的交易記錄。

右 八八青餅

我們暫且不談普洱如何被炒賣和追捧，能夠把八十年代末期的生普洱茶保存完好地儲存起來，是今日舊茶買賣的先決條件。陳國義自己以乾倉和用心存茶而自豪。他曾言，「大陸的茶友知曉我，多是因為『八八青』，而『八八青』的完美呈現得益於我所選擇的乾倉儲存。」他更於 2010 年，開始了「乾倉之味」品牌，在內地開設了「乾倉之味」茶藝館。

根據他的自述，陳國義在還未正式做茶前，曾到過長洲普洱茶批發商的濕倉，因發酵過程而產生的難聞氣味令他印象深刻。因此，當他購入「八八青」後，便很注重茶的保存。其實起初陳國義購入「八八青」時亦有因為倉存空間不足而有所猶豫，所以最終要求把茶葉分四批送到港，把茶葉寄存在公倉，慢慢存放及觀察。後來他卻發現當時每個月六千元的存倉費，十年後已需要七十二萬元，相當於當年一個三千呎的茶倉，於是他在青衣買了一個八層的倉庫，開始了他對乾倉的研究和實踐。陳國義每個月都會檢查倉庫，確保茶葉在通風的環境儲存。倉庫除了有大「牛角形風扇」和抽氣扇使空氣流動外，還有「天橋」以便把茶餅放在接近天花的地方，減少發黴的機會。[22]

　　存放「八八青」的茶倉以外，陳國義還有更新的改良版茶倉，在窗口位置添加了活動吊掛木板，有效地阻擋陽光，窗邊亦留有通道，以防雨水打濕茶葉。擺放茶葉也不馬虎，需要長期陳化的一筒筒茶，陳國義會以堆磚頭、工字形的方式放置，增加空氣與茶餅的接觸。

　　陳先生不單處理自己的存倉，還為昆明學生在雲南沅江的普洱茶倉當顧問。他親自到現場考察茶倉和修繕窗門，更重要的是直接由香港調來不同年份的普洱茶來作實驗，叮囑學生每天報告溫度和濕度數據。他又每個月親自到沅江考察，半年後抽樣測試，結果發現放在二樓的生茶存儲得當，而近地面最低兩層貨架的熟茶則夾雜很濃的水氣味，第三層以上就沒有受潮。由此可見，陳茶須要經過一番仔細的考察和試驗，才能確保茶葉在最佳的環境下保存，所有細節都是學問。

訪問陳國義（左二）

工│夫│茶│的│傳│承

前面着墨於香港對普洱茶發展的貢獻,但我們亦不能忘記工夫茶在香港的位置。上文提及過,在港的茶行業大多分為潮式和廣式兩種。潮式的經營者和顧客中,以潮州人居多。現時本港潮籍人士估計逾一百二十萬,其中潮州工夫茶對祖籍潮州的本地人來說,另有一番意義,飲食習慣與他們的族群身份認同似乎產生微妙的關係。

陳香白曾指出,「潮州工夫茶的傳承是一種以家庭為基礎的傳承,它甚至可以說是一種家庭產物。」[23] 這種聯繫並沒有因地域限制而消失。潮州商人旅外謀生經商,自明清時期已足跡遍佈海內外。雖身居海外,潮州人的心卻常想念家鄉。現在老一輩華僑重視把子女送回家鄉求學,在學習中國語言的同時,亦培養年輕一代濃厚的故土情懷。直至現今仍有不少泰國華僑保留在家沖泡工夫茶的習慣,以解思鄉之情。[24] 二次大戰後,於四十至五十年代,大量來自潮州、海豐和陸豐的潮汕人士移居香港,他們大多數以「ga ki nang（架己冷）」來表示自己人。工夫茶猶如一種儀式化的行為,是他們保留原有生活方式和維繫家庭族群的一環。

潮州工夫茶起源於明,盛於清代,原為福建省武夷烏龍茶中的品種名稱。閩粵一帶的嗜茶者喜用宜興小壺沖泡此種名茶,並以極小的茶杯細啜濃郁的香茗。「工夫茶」又有工序繁複的意思。這種泡茶法程式細緻,其中煮水、火候、量茶、沖泡、傾飲等工序,更

是綜合了明代以來最佳的泡茶方法。在廣東潮州及福建省地區,人們於工餘飯後飲用工夫茶的習慣至今仍流傳不衰。[25] 由於潮州工夫茶對每一項細節都很考究,因此成為中國茶藝的集中表現者,現代茶藝表演中的很多環節都是由潮汕工夫茶演變而來。

反觀台灣,七十年代中期經濟起飛,飲茶風氣盛行,工夫茶轉化為簡易隨興的「老人茶」,常見於公園、廟口等。而精緻的小壺茶法,則成為中高階層的娛樂,由於他們富裕又愛炫技,這種傳統工夫茶又被稱為「懶神茶」,因為這些講究閒情逸趣的人愛「展神風」(炫技驕人)。[26] 那麼不同年代在港的潮州茶商又如何經營和看待他們的茶事?

顏 | 奇 | 香 | 茶 | 莊
潮州人在香港

顏奇香茶莊歷史悠久,筆者有幸得到顏文正一家熱情款待,不但向我們展現店內的珍藏,還訴說了一個個活生生的潮汕故事。

顏文正父親於民國元年(1912 年)出生,1928 年創立顏奇香莊,原本在潮陽做錫罐生產。因當時的茶葉包裝令茶葉易於受潮,而錫罐是用來避免茶葉受潮的重要一環。來港後,顏文正父親的志業仍環繞着茶,起初專門代理潮汕的蟻興記茶來港售賣,名為顏奇香莊,還差點被誤以為是賣香的店舖!

經歷將近一個世紀,茶莊與不少客戶結緣,甚至有光顧了六十

年的老客戶。顏文正為人踏實，店舖一直是租來的，2015年舊址
業主收回店舖，才搬到現址。茶莊雖然面對成本上漲、人流疏落等
問題，幸好近來被邀加入市建局的百年老牌店，將來有望遷至中環
一帶。實在很難想像在這個急速的資本主義社會，老茶莊依然能默
默耕耘，堅持做茶。難怪顏文正笑言：「茶行不會令人『閉翳』，
也不會令人富貴。」

這樣的堅持，也許是潮汕人對工夫茶的一份執着。顏文正指，
品工夫茶是所有潮汕人每日必做的事。在潮汕，人們的泡茶器具整
天也一直放好，方便隨時飲用。六七十年代的潮汕，家家戶戶，甚
至連街角的小販都備有泡茶器具。當時生意人用的器具比較整潔，
但一般人至少也有一個焗盅在身。

上 懷舊用具

潮汕人喜歡工夫茶與他們的生活習慣和文化有關。顏文正說，潮汕人早上還未梳洗，第一件事便是開爐生火。這與潮汕人節儉的文化不無關係。因為火爐除了燒水，還能照明。又因為節儉，潮汕人會用一杯熱水清洗三隻杯，形成所謂「獅子滾球」的暖杯方法。他們亦會利用茶末沖泡，不浪費在運輸過程中碎掉的茶。茶末另一個用處是令茶更濃。潮汕人品茶重濃而不重量，正如顏文正所言，「杯細壺細但落很多茶葉」。這與他們的飲食習慣有關。潮汕人吃得較重口味，多油多鹽，又喜歡用豬油，特別愛好以濃茶配偏甜的潮式餅食。此外，潮汕人習慣吸煙，顏文正的父親也煙不離手，一口煙一口茶使兩者格外「好味」。有種說法是「朝早一杯茶，餓死賣藥家」，茶成為了油膩食品和煙酒的「解藥」。不過顏文正討厭吸煙，也許因此難以看出他已六十八歲。

據顏文正憶述，當年潮汕人來香港，主要集中在大洋船出沒的上環三角碼頭、當年機場所在地九龍城和設有九龍倉的尖沙咀一帶，並於這些地方當苦力。當年只有十多歲的顏文正亦會走到他們

左 顏奇香莊老招牌　　右 訪問顏文正先生（右）

上 1940 年代的碼頭苦力

攝自香港歷史博物館內的「香港故事」

右 顏奇香茶葉罐

左　顏奇香茶莊

的宿舍交貨。顏文正憶述，當年苦力收入只有四毛錢，也會留一毛買茶，相等於一款小菜的價錢，可見潮汕人對茶的喜愛。

　　隨着時間過去，潮汕人對工夫茶的口味也有轉變。從前潮汕人都是喜愛鐵觀音，是一種在福建安溪產的茶。顏奇香茶莊著名的「馬騮搣」便是其中一款有名的鐵觀音，以採茶姑娘纖細的指尖採摘嫩葉而成。店內的「馬騮搣」和「竹裏煎」都由茶莊親自焙火。現在堅守焙火的香港茶莊寥寥可數，不少品牌都放棄了這種需求較少，亦難聘請師傅的工序。顏文正跟了三位師傅學習，對他來說焙火是一種滿足感。不過近年重焙火的鐵觀音在內地漸漸失傳，多變成了清香鐵觀音，滿足不了潮汕人。而潮汕當地近年流行生產鳳凰單欉，逐漸取代了傳統鐵觀音的位置。單欉原名為浪菜，本來帶有

苦味，只會用作配堆，後來與其他品種接枝，成為了充滿花香的茶葉，品種繁多，極受年青一輩的潮汕人歡迎。

說到工夫茶，顏文正義正詞嚴地提醒我們，要用「工」字而非「功」字，兩者的潮州話讀音不同，而且「工」代表的是講究流程。接着顏文正又向我們解釋「關公巡城」和「韓信點兵」等泡工夫茶的手法。品工夫茶需要三人，杯呈品字，「關公巡城」是為了平均三杯茶的濃度，所以圍繞着三杯茶出水；而「韓信點兵」則是指最後把茶湯全部滴出的過程，通常是為了填補不夠濃的那一杯茶。

最後我們以訪問顏文正工夫茶與潮汕人的身份認同作結。顏文正講述了潮州米行賒數、林百欣製衣和李嘉誠穿膠花的故事，自豪地道出潮州女人的勤奮、潮州人之間團結、合作的精神。筆者想，這些同鄉的故事、顏文正自豪的神情、茶杯裏的濃茶，已經勝過千言萬語，再清楚不過地解釋了為何工夫茶能歷久不衰、為何將近百年的老茶莊依然能夠屹立於中上環地段。

請觀看香港電台節目《香港故事：世紀物語》之「百年茶業」訪問顏文正及英記茶莊。

工｜夫｜茶｜舍
工夫茶年輕化

對傳統執着，從來都不是老年人的專利。劉原亦年紀輕輕卻經驗豐富，創辦工夫茶舍，利用專業知識配以親切的態度，以推廣工夫茶為終身事業。

　　劉原亦憶述早在嬰兒時期，他已經在父親的茶莊度日，一直幫忙顧店，看着客人千里迢迢來茶莊購買工夫茶，每次都對茶讚不絕口，在劉原亦心裏留下烙印。長大後在劉裕發茶莊之上，劉原亦創立工夫茶舍。工夫茶舍有兩大目的：使工夫茶年輕化和國際化，策略性地選址在灣仔利東街和上環元創坊。他認為飲茶並不是「老人家的事」，在產茶區，飲茶是人們從小的習慣，因此希望本地也能突破「茶是古老」的想法。雖然推動年輕化，劉原亦卻堅持用品質上乘的茶葉，吸引年輕人不單只從包裝上着手。茶舍最近推出高級茶包，以上級茶葉製作茶包，可以放進水瓶冷泡，突破一般人喝茶包的經驗。茶舍也曾與設計品牌 Chocolate Rain 合作，以可愛的插畫包裝茶葉罐，並代理一些台灣的年輕品牌，如不二堂和陶作坊等，為的是給大眾多一點選擇，加深對茶的認識。

　　劉原亦多次強調，這些都是為了打開大眾對茶的大門，是進入茶世界的開端。劉原亦認為，人們都有追求更好的心，見識過好的茶，最終也會由茶包過渡至傳統工具、由淡至濃、由解渴至品茗。雖然這想法看似有點過於樂觀，但筆者認為打開飲茶開端也是茶文化能夠承傳下去的重要一環。而使茶國際化的想法，早在劉原亦父

左 工夫茶舍　　右 迎合年輕市場的茶包

親的茶莊已經萌生。劉裕發茶莊雖然位於樂富的屋邨商場，卻有來自英國、芬蘭、瑞典、德國、挪威等客人慕名而來，亦有持續訂購的外國人，但新的工夫茶舍，在選址上則要方便客人（如灣仔利東街及九龍荷里活廣場），才可把茶推廣至世界各地。即使面對高昂的成本，藉着多年的品茶經驗，經營似乎未有太大困難。

雖說工夫茶舍是新式茶莊，談到工夫茶時，劉原亦卻嚴謹認真。談及工夫茶在潮州的轉變，劉原亦仔細地說明了整段工夫茶的歷史。根據他的說法，九十年代以前，工夫茶曾有一段輝煌的時期，甚至興起鬥茶，研究出各種更佳的泡茶方法。當時普洱茶無人問津，茶藝界中，鐵觀音是頂尖的茶，欣賞價值高，也最花工夫。工夫茶之名，是基於時間和心機。現在的人經常把工夫的焦點放在沖泡手法之上，卻遺漏了更重要的步驟：選茶、焙茶和藏茶。選茶方面，須要嚴選鐵觀音。而焙茶是逼出和提升茶葉的香味。春茶每年六月到港，在最炎熱的夏日，劉原亦會進行近半個月焙茶。1985 年以前，他們是用炭在天井焙茶的，須要不時翻茶，現在雖有機器，但也要控制良好，不能不足或過火。劉原亦提出，以前鐵觀音因為賣不去才要烘焙這說法是不實的，九十年代根本沒有清香鐵觀音，未焙的茶以前被稱為「臭青」，所以茶葉一來港就得進行烘焙。至於藏茶，由焙火至出售需要一至三年的時間退火，如何好好存藏，也需一番工夫。

現在市場都轉向普洱，潮州人卻愛上單欉，關於工夫茶的沒落，劉原亦也進行了分析。在他看來，工夫茶必須使用鐵觀音。鐵觀音、岩茶、單欉都是半發酵的烏龍，但只有鐵觀音的製作符合工夫茶所指的「工夫」，若工夫茶只着眼於沖泡，其實不同茶葉也可

下 鐵觀音（後方：焙火後；前方：清香型）

以應用，以焗盅沖泡的單欉更不會是傳統的工夫茶。單欉在潮州興起，一來是為了推動和支持當地經濟，畢竟茶由生產至銷售，是很龐大的產業。二是 1966 至 1976 年的文化大革命，當時「歎茶」被認為是「資本主義物質享受」而遭禁止，因此出現了斷層，既少了懂得沖泡的人，年輕一輩的潮州人又不理解老一輩口中常言的回甘，覺得工夫茶太濃太苦，追求較清香的口味。安溪一帶也為了滿足較富裕的上海、北京口味而出現綠茶化。而香港的鐵觀音，夾在普洱潮流和中國原產地自身的沒落之間，自然也失去了地位。

　　談及潮州人身份對劉原亦的意義，他指出其實沒有甚麼特別意義。雖說對潮州人來說，茶如米一樣重要，因此潮州語有「茶米」、「食茶」等，也會出現整天壺不會乾的情況，但他認為香港

人、外國人亦愛工夫茶，他們的客戶九成都不是潮州人。他堅守做好工夫茶，打正旗號名為工夫茶舍，並不是因為身份認同，而是他愛工夫茶，這曾是品茗的主流。加上他想以影響力反過來影響茶農，劉原亦一向直接接觸茶農，在這個潮州和安溪的茶農都不懂鐵觀音的時代，他希望真正的工夫茶不會消失。

訪問了兩位祖籍潮州茶人的工夫茶故事後，提醒了我們身份認同從來都只是現代社會建構出來的。雖然有些人因着潮州人的身份而堅守做茶，但在香港出生的劉原亦也可以不被身份限制。縱然成長經歷對人有所影響，但身份向來不是最重要，重要的是真誠的心。在筆者看來，劉原亦的認真出自喜愛茶的真心，親切與人分享，無分宗族國界。

左　劉原亦（右）介紹電爐焙茶

香｜港｜的｜品｜牌｜與｜精｜神：
專訪福茗堂李少傑

香港人到台灣旅行，勢必買一大堆手信回港，而茶葉必定榜上有名。上世紀七十年代中期台灣經濟起飛，位列亞洲四小龍之首，茶葉是遠近馳名的特產。台灣對於茶葉生產的資源投放更是源於六七十年代，當地大學的農業系必定開辦「茶作學」課程，由育種、栽培、採摘、烘焙、茶業推廣等各項技術都有深入的學術研究和專業指導。雖然李少傑自幼已經對茶有一定認識和興趣，但他坦言，八十年代的台灣之行對於他創辦福茗堂有決定性的影響。

李少傑年少時在英國倫敦唸書，不時到唐人街跟餐廳老闆喝茶，培養了對喝茶的興趣。一次到台灣公幹，他到酒店附近的茶店閒逛，當地的茶師讓他品嚐各項茶飲，又仔細介紹它們的特色。李少傑深受吸引，遂購買了一大批茶和茶具研究。回港後，他萌生開辦茶店的念頭，並在 1987 年付諸實行。那時候，他已經把幾個歐洲著名品牌的代理業務營運得井井有條，本不需要另起爐灶，挑戰並非內行的茶業。但除了因為對茶已經建立濃厚的興趣外，李少傑也想藉此證明自己有能力做好一個品牌。

在地價、物價高昂的香港，要建立一個自家品牌並不容易，打造一個優質茶葉品牌更是難上加難。當時，香港人的飲茶習慣一般還是在茶樓或者零售店購茶，為了爭取營業額，茶商採取低價搶客的策略，品質也因此較為低劣，以求賺取最大的利潤。可是，李少

傑認為茶應該被視為一種健康飲品，品質一定要良好，茶師對茶的要求也要高，消費者才能對品牌建立信心。仗着代理歐洲品牌的優勢，他與中環商業區的商場有着良好的關係；加上從本地批發商入貨改為直接在原產地採購，福茗堂得以大大減低貨源成本來應付舖租壓力。但即使如此，李少傑表示為了堅持「品質第一」的原則，福茗堂仍足足虧損了十五年，他甚至要預估每月的虧損金額，並調動其他業務的盈利支持，是一門「純粹為了興趣而發展的事業」。

或者每個人曾經都有一份憧憬，希望將自己的嗜好發展成終生事業，他們也曾經身體力行，付出巨大的精神、財力和時間實現夢想，只是要堅持到最後實在是太困難了。李少傑説：「我相信同行其實有很多人都有熱誠做茶，但是未必都能熬十五年，慶幸我有其他業務長期支持，才能讓我持續做一些優質的茶葉。」

上 福茗堂位於國際金融中心的分店

　　李少傑眼中的「優質」，應該就是還原「傳統」、「正宗」的味道。以鐵觀音為例，前文提及了清香鐵觀音在九十年代的盛行，但當時其實有不少茶商走捷徑，利用空調機和抽濕機影響自然發酵的程序，也就是所謂的「空調茶」。這種人為地調節製茶的溫度和濕度，往往發酵太輕，乍喝之下好像有股淡淡的清香，但實際上容易導致身體不適。空調茶長期橫行的結果，就是導致鐵觀音品質大為下降，名聲硬生生被茶業同行搞砸，市民改飲其他品種。在大多香港茶商大力推銷普洱之際，福茗堂偏偏為了恢復「綠葉鑲紅邊」和入口回甘的傳統味道，在鐵觀音的原產地——安溪西坪南巖村和松林頭村建立生產研究中心，選用正宗鐵觀音茶樹新梢為原料，嚴選採茶時間、特聘一批能夠製出當年傳統風味的製茶師，確保快失傳的製茶程序能夠十足還原。[27] 他説，經過十幾年的努力，味道總算比較接近，但還是有進步空間。近年他甚至在山上買田租地，希望從茶葉原料之土壤管控做起。

　　或許因為母親是杭州人的關係，李少傑對龍井茶的要求也是極高。產地選在「氣候溫和、雨水充沛、配以白砂壤土」的獅峰胡公廟、龍井村一帶，[28] 而且有相當的數量仍然要求全人手製作。採購團隊堅持要仔細辨別茶葉的真偽、不收外路茶（非原料產地的出品）、只購外形和品質符合標準的茶葉。官方網站竟然還設立鐵觀音和獅峰龍井的採茶日記，詳細記錄採茶期的天氣與收茶過程，透明度相當高。[29] 不過，李少傑慨嘆這份堅持不知道能維持多久，主要是因為維持傳統製作而炒製技術優良的師傅人數日益減少，加上年紀已邁，不願再吃苦。2019 年初，採購團隊要挨家挨戶請求

合作多年的炒茶師，還是沒多少人願意接下工作。「我的員工跟我說：『真的是一斤一斤的求人幫我們炒的。李生，不如我們考慮用半機器半手工的製茶方法吧。』我唯有說：『明年再算吧，能求多少算多少』。」李少傑説。

　　炒茶這門手藝不僅需要大量體力，還需要熟練的技巧和刻苦耐勞的個性，究竟有多少人能夠繼承，實在令人擔憂。李少傑說，他鍾情一位汪姓炒茶師的手藝大概二十年，喝的茶幾乎都是汪師傅的出品。2018 年這位老師傅退休，他倍感失落。於是他的員工在翌年專程拜託汪師傅，千拜託萬拜託，希望能再次為老闆炒一份茶。師傅最後特地開鑊炒了一斤龍井，雖然茶葉原料品質一貫上乘，炒出來的葉色、茶香也跟以前無疑，他還喜道師傅寶刀未老，但一口喝下去，唉，味道卻真的是大不如前。

└ 福茗堂 2019 年出品的龍井茶

到底炒茶有多苦？筆者想起數年前參加茶文化交流團時，與數十名青少年學員親身體驗過在茶園採茶和炒茶，除了雙手難免因手藝生澀而造成燙傷外，還要忍受長時間站在高溫的鍋爐旁邊，滿臉通紅、汗如雨下。結果除了筆者和一、兩個人堅持到最後外，幾乎所有學員都是輕輕炒了幾下，拿着手機自拍打卡後就「逃離現場」，而這已經只是兩小時的課堂，遠不及炒茶師每天逾十小時的工作量、數十年的功架。當然，現今也有一些年輕人正努力鍛煉手藝，務求承接上一代的工作，但無可否認高科技、高收入、舒適的工作實在更為吸引。聽見手工茶正面臨青黃不接的問題，難免心酸。李少傑說，如果有年輕人願意傳承手炒茶，不會輕易因回報低、要吃苦而放棄，他願意提高收購價，支持更多人傳承這門技術。

品質不單要上乘，拓展市場也相當重要。李少傑認為真正到內地經營茶店的港人只屬少數，更多是以投資為主，並非宣揚茶文化。市場上又是茶店林立，要爭取到一席之地實在是步步為營。內地假貨問題嚴重，政府訂立了《中華人民共和國食品安全法》，原意是要打壓奸商售賣假貨的行為，保障消費者的權益。客人一旦發現所購買的食品不符合食品安全標準或產品說明含有虛假成分，並且申訴成功，商家須向客人賠償價格的十倍或損失的三倍金額。[30]內地於是興起了一批「職業打假人」，到處去測試商家的產品服務，甚至演變成集團式經營，把投訴鬧上法庭。商家即使最後勝訴，也要付出高昂的律師費用和時間，過程中更是耗盡心力。

面對競爭激烈的市場，若要長遠發展，則須因應市場而作出調整。他補充，近年受到廣泛討論的「一帶一路」機遇，茶業只是佔

_左 年輕化的福茗堂包裝

很少一部分，並不像其他行業在實際利益上受惠較多，這項發展更主要是向外地輸出茶的內涵和思想。然而內地的消費習慣又傾向氣派和富麗堂皇，他卻反其道而行，堅持環保是企業責任，拒絕過多包裝和「又龍又鳳」的設計，並計劃打開歐洲市場的通路，向國際推廣中國人的茶。

面對歐盟對於進口農產品的品質要求和監控愈發嚴謹，福茗堂仍在努力克服障礙。李少傑表示，其實公司對於歐洲市場的盈利預測偏低，員工甚至一度建議他放棄進軍，專注內地和本地的生意似乎更加划算，但此舉更多是為了向西方推廣中國人的茶文化思想，讓西方人知道中國人的茶不但是一樣健康食品，背後還蘊藏了我們深厚的文化底蘊。

對於茶這門傳統藝術和學問，李少傑有着自己的一番看法。他笑言自己其實對所有可以放進口的東西都有興趣，但還是對茶情有獨鍾，不僅茶本身好處很多，而且愈研究愈覺得深奧，才讓自己愈加着迷。與其他中國傳統藝術和文化相比，喝茶的門檻比較低，普

福茗堂位於上海（上）和蘇州（下）的分店，設計走簡約路線

羅大眾可以享受得到，也比較容易去欣賞茶的滋味。因此，他主張茶的教學不宜過於深奧，而應是循序漸進，先要懂得欣賞茶，欣賞不同茶類的特性，才會有動力深入研究。

　　福茗堂至今已營運三十多年，從一個非茶業世家出身的門外漢涉獵市場，到現在擁有一個相當地位的本地品牌，甚至成為積極拓展海外市場的連鎖店老闆，李少傑的秘訣不外乎是堅持——堅持自己所好，堅持帶出茶的傳統滋味和茶文化的精神。這份堅持健康、優質、傳統的路看似回報慢，但他走得踏實，走得心安理得。這個或許也是我們從他，還有前文專訪的一眾上一輩香港茶人身上所看到的精神，是值得我們尊敬並且學習的態度。當然，他同時認為在向世界推廣茶的原味外，因應年輕人的口味而作出配合，並推出新式茶飲是勢在必行的，因為這也是培養新一代對於茶的喜好的一個方法。對於福茗堂在 2019 年的茶產品動態，且留待下一章節「時代巨輪下的變遷」再行交代。

左　訪問福茗堂李少傑（右）

注釋

1　鄭寶鴻：《香江知味：香港的早期飲食場所》。香港：香港大學美術博物館，2003，頁 14。

2　林雪虹：《茶・壺・緣》。香港：向日葵文化集團有限公司，2014，頁 149。

3　同上，頁 147。

4　陳淦邦：〈香港的熟普洱茶史〉，《茶藝・普洱壺藝》，第 17 期。香港：五行圖書出版，2018，頁 26。

5　陳淦邦：〈從長期的零售經驗探討香港喝熟普洱茶的習慣〉，《茶藝・普洱壺藝》，第 17 期。香港：五行圖書出版，2018，頁 15。

6　黃漢書、金仁：〈香港茶與壺〉，《茶與壺雜誌》，第 6 期。台北：浩天股份有限公司，1992，頁 83。

7　林雪虹：《茶・壺・緣》，頁 15。

8　同上，頁 17－21。

9　蔡惠鈞：〈與羅桂祥的半生緣：專訪葉榮枝〉，《藏情賞緣：被遺忘的紫砂故事》。香港：中華書局，2018，頁 158。

10　陳國義：《壺中日月——陳國義紫砂壺藏品》。上海：上海三聯書店，2018，頁 9。

11　池宗憲：〈名家壺的迷思藏〉，《藏情賞緣：被遺忘的紫砂故事》，頁 130。

12　黃漢書、金仁：〈香港茶與壺〉，《茶與壺雜誌》，第 6 期。台北：浩天股份有限公司，1992，頁 84。

13　池宗憲：〈名家壺的迷思藏〉，《藏情賞緣：被遺忘的紫砂故事》，頁 130。

14　《大公報》，1983 年 1 月 24 日，頁 4。

15　池宗憲：〈名家壺的迷思藏〉，《藏情賞緣：被遺忘的紫砂故事香港》，頁 134。

16　同上，頁 136。

17　黃怡嘉：《台灣茶事》。台北：盈記唐人工藝出版社，2017，頁 200。

18　池宗憲：〈名家壺的迷思藏〉，《藏情賞緣：被遺忘的紫砂故事》，頁 160。

19　盧鑄勳口述、盧志廣抄錄：《中日戰亂逃難及香港茶葉之興衰回憶錄》，頁 9。

20　詹順驕：〈倉儲進行式〉，《茶藝 · 普洱壺藝》，第 63 期。香港：五行圖書出版，2018，頁 40。

21　《茶藝 · 普洱壺藝》，第 65 期。香港：五行圖書出版，2018，頁 42。

22　陳淦邦：〈香港茶藝樂園：改良倉儲之優勢〉，《茶藝 · 普洱壺藝》，第 16 期。香港：五行圖書出版，2005，頁 18。

23　蔻蔻梁：〈潮州工夫茶是以家庭為基礎的傳承〉，《茶源地理 · 潮州》。中國：世界圖書出版社，2015，頁 104。

24　林雪虹：〈收藏之樂〉，《藏情賞緣：被遺忘的紫砂故事》，頁 28。

25　同上。

26　黃怡嘉：《台灣茶事》，頁 171。

27　〈傳統安溪鐵觀音〉，福茗堂網站，http://www.fookmingtong.com/tc/treasure01.htm

28　〈葉葉矜貴「獅峰明前龍井」〉，福茗堂網站，http://www.fookmingtong.com/tc/treasure02.htm

29　〈2019 年龍井採茶日記〉，福茗堂網站，http://www.fookmingtong.com/imgs/diary/diary-tc.htm

30　〈消費者權益保護法中的三倍賠償與食品安全法中十倍賠償的區別？〉，北京法院網，2019 年 2 月 27 日，http://m.chinalawedu.com/web/159/wa1902277835.shtml

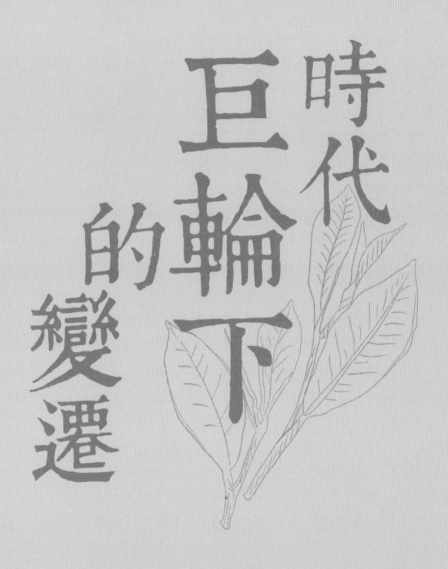

第四章

時代
巨輪下
的變遷

新｜式｜茶｜舖｜的｜崛｜起｜與｜生｜存｜之｜道

　　回顧過去三十年的香港，在社會環境的改變下，撇開傳統茶莊不說，香港茶業的經營模式基本上正朝着兩個相反的方向發展，一邊是受速食文化影響，講求便利且價錢大眾化的清熱解渴飲品；另一邊則是推崇慢活路線，透過茶把藝術和生活融合，推廣更深層次的文化內涵。

　　在發展過程中，台灣對香港的影響是無容置疑的。香港人非常熟悉的道地樽裝茶系列，便是來自台灣的品牌。自 1996 年打進本地市場後，銷售網絡除大中華地區外，至今已拓展至中東、歐洲等地和澳洲、新西蘭、加拿大等國家。[1] 現今台式茶飲店在香港掀起熱潮，只要隨便到旺角、銅鑼灣、灣仔等旺區走走，總會找到幾家賣台式茶的店舖。另一邊廂，現代茶藝館也如雨後春筍般出現，據好雪片片和人間世茶會館的創辦人薛嘉發陳述，茶藝館的源頭可以追溯至上世紀七十年代的台灣，[2] 而新一代的經營者也積極拓展海外市場，迎合上升中的茶葉消費趨勢。不過，這些茶店不論往哪個方向發展、行銷手法如何相異，他們的本質仍是回歸原點，就是推崇茶的健康功效和富有中國文化的底蘊。

究竟台式飲品在香港的影響力有多大？據網上飲食資訊平台 OpenRice 統計，連同餐廳在內，香港約有七百間提供台式飲品的零售店；[3] 而新地執行董事馮秀炎在 2018 年 8 月的電視節目中稱，香港約有七十個台式飲品專門店品牌、三百間店舖，[4] 可見除專門店之間競爭激烈外，餐廳亦必須引入該類飲品以加強競爭力。以旺角登打士街為例，幾乎每步行十秒就看見一間茶飲店，或許是全港匯聚最多茶飲品牌的街道！而根據賓仕國際控股有限公司於 2018 年 2 月發表的股份發售書中的市場調查報告指出，2016 年香港茶飲的消耗量高達四千五百萬杯，[5] 並預計有持續增長之勢！

手搖茶飲店發跡於台灣，並以珍珠奶茶為標誌性飲料，[6] 透過茶、奶粉、粉圓的結合獲得了廣大市民的青睞，並於九十年代進駐香港市場。這些茶飲店傾向在傳統六大茶類的基礎上加以變化，透過控制甜味、溫度和加入各種食材，並以消暑、香甜、健康、時尚、奶味濃郁為招徠，迎合年輕人口味，被視為新式茶飲。它們的食材已從當初的粉圓，發展到今天的各式水果、果仁、海鹽、芝士、奶油等等；而且調味料也愈加講究，最常見的就是黑糖跟蜂蜜兩種。顧客可以自由選擇甜度、冰量和配料，從而塑造個人化的品味。部分茶飲店又會加入卡通或文青元素，[7] 嘗試和消費者建立聯繫。

除了味道討好外，隨着社會對食物安全的愈加重視，以及台灣過去不時被揭發在食物中發現化學物質，如 2011 年塑化劑風波，現今台式茶飲店趨向重視材料的新鮮度和品質標準，並且積極向顧

客推廣該項訊息。例如,部分茶飲店更會特別列明茶葉的原產地,如台灣南投、日月潭等,還有來自世界各地,如印度阿薩姆茶和日本抹茶,加強消費者的信心。某受訪者表示,自己只光顧某家品牌的手搖茶飲是因為覺得較為衛生和新鮮。她曾經聽朋友說,有些台式茶飲店竟然會用藥水混出茶的味道,製作手法低劣,但她所喜歡的品牌,茶是每天自家泡製,而且奶蓋味道特別好喝,所以即使價格比其他同類型產品高昂,她也願意購買。

一句「聽說」聽似荒謬,讀者或會責難人云亦云的問題,可是「口碑行銷」(Buzz marketing 或 Word of Mouth Marketing)往往能像病毒一樣,把消息在同好者中快速傳開,[8] 甚至可能比電視或網上廣告更具影響力。有時 facebook 的一個分享貼文,就能瞬間在朋友圈散開。網上討論區也不乏看到網民挖出一些茶葉騙案或品質低劣的茶葉資料,發文評論,藉此在攻擊他人之後,隨即宣傳自己最近購入的茶葉。

為了拓展業務,台灣的店家視香港為必爭之地,積極在香港市場站穩陣腳,務求增強實力走向國際。[9] 因此,除了在口味、包裝和形象上要一爭長短外,台式飲品專門店的選址是關鍵之一。一些知名度較高的品牌會選擇在商場開設分店,確保人流;或者是曝光率高的街舖,例如從太子道西與西洋菜南街交界走到水渠街,短短一分鐘的路程內就佈滿七間茶店、一家傳統茶莊和一家鮮榨果汁店。原因應是該地段正是港鐵站和小巴站所在位置,而且有一間專攻年輕人市場的商場,人流有一定保證。事實上,在不遠處的始創中心裏面也有兩家台式茶飲店。然而茶飲店的淘汰率也相對提高,

台式茶飲店在世界各地也相當普及

光是太子就先後有約 25 家結業。[10] 2018 年 11 月 17 日在太子開幕的花甜囍室，[11] 在翌年 5 月 12 日已經換成老虎堂在香港的第十二間分店。[12] 到了 2021 年中，這條街道再有四家茶店結業。隨着台式茶飲的熱潮退去，預料汰弱留強的情況會逐漸浮現。[13] 茶店為了避免這種情況，限定優惠、減價、試飲、不斷推出新產品等促銷手法並不罕見。

下 太子港鐵站外的台式茶飲店分佈圖（截至 2021 年 5 月）

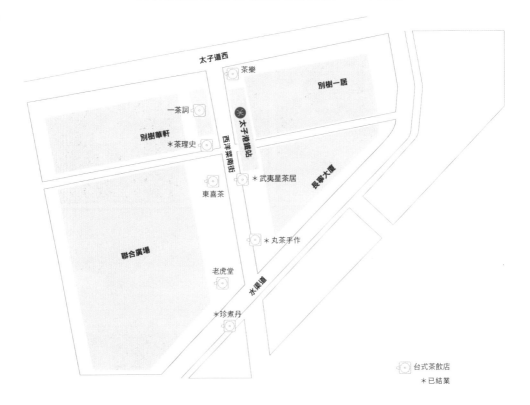

有人辭官歸故里，有人星夜趕科場。台式茶飲風潮未冷，最新加入戰團是本港老字號英記茶莊。擁有一百三十年歷史的英記茶莊傳到第五代，由年輕的 Natalee 開闢新領域。2019 年 3 月，Natalee 領軍開設港式茶飲店，將英記茶莊的招牌茶葉，以多款潮流茶飲形式出售，冀打開年輕人市場。價錢偏高，但標榜選料講究的大熱奶蓋、水果茶、珍珠奶茶、冷泡茶等流行飲品，一共三十四款。而焦點商品可說是由澳洲流行到香港的氮氣飲品，把氮氣打入咖啡、烏龍茶及陳年普洱等不同飲品中。[14]

雖然新店推出的茶飲加入不少新元素，瞄準愛新鮮、愛新事物
的年輕客源，但英記表示從未打算放棄傳統中國茶葉市場，又認為
無礙現有客群的飲用習慣和口味追求：「傳統中國茶是一種享受，
一種品味，現有顧客不會每天喝一杯手搖飲品，但會在上班時，又
或飯後嘆一杯傳統中國茶。加上愛茶的人，會對茶有不斷的追求，
愛上陳年十年的普洱，會想試試十五年，下次可能試二十年，甚至
三十年或年份更久遠的普洱。亦會期待每年新到龍井、碧螺春，亦
會追求鐵觀音不同的焙火香氣。」英記的銷售網絡不只限於自家零
售店，除傳統節慶時送禮用的茶葉禮盒裝等既有產品外，他們又會
透過跟不同品牌合作，如 HKTV、the Club、香港賽馬會，或者向
高檔的中、西餐館供應茶葉，實行多面向的業務拓展，繼續推廣中
國茶文化。

左 / 右　英記愛茶

　　傳統茶店加入戰圈，由於銷售模式大幅轉變，既須講求速度，又要顧及茶味不被配料喧賓奪主，因此經營策略也顯得小心翼翼。福茗堂在 2019 年 1 月 1 日於佛山開設首間手搖茶飲店作為試點，主要是看中佛山居民長久有品茗習慣，如果能讓居民或遊客接受新產品的味道，而又能獲得足夠數據，如預估營業額、人手需求、銷售量上限，則可考慮擴充試點的數量。事實上，李少傑很早便思考售賣傳統茶葉的福茗堂應該如何讓傳統茶飲與咖啡、奶茶一樣獲得年輕人的喜愛。經過多年的用心研究，2022 年初福茗堂終於在尖沙咀海港城開設首間「活在茶下」Tea Moment 茶飲店，以一種輕鬆愉悦的方式打開傳統中國茶飲的大門。李少傑認為作為傳統茶店不應該只指責年輕人無法了解中國茶，而是要負起責任，給年輕顧客接觸傳統茶飲的機會，有了開始才會有以後的探索，傳統中國茶才能和時代一起好好的走下去。

_左 福茗堂在佛山的首間手搖茶飲試點　_右 尖沙咀海港城「活在茶下」茶飲店

現代茶藝館百花齊放

香港近年有不少現代茶藝館冒起。雖然「茶藝」在業界並未有完全統一的定義和標準，但也有大致的共識，那就是以茶為主體，或透過改善茶葉的品質，或豐富泡茶、品茗的過程，將藝術、文化與生活融合，讓物質和精神生活都得到滿足。茶文化研究專家陳文華曾在他的文章中把多名學者與專家的定義節錄，包括季野、范增平、蔡榮章、王玲、丁文等。[15] 也就是說，這些現代茶藝館與過去香港數十年傳統茶店的最大分別，就是品牌形象的轉向。在建立品牌形象時，更多是標榜對美好生活的追求。茶館從原來單純進行茶葉買賣的地方，變成注重茶和精神層面的聯繫。茶的飲用功能被多重解讀，除了解渴，降脂、調理身體等功效被加以強化，甚至被定位為可以令人心情放鬆，追求生活品味的飲品。曾坐落在香港大學旁的水冷冷茶館（現已遷往市郊大埔三門仔）便是其中一個例子。

如前文所言，好雪片片和人間世茶會館的創辦人薛嘉發指出，七十年代時，台灣開始設立一些別具文化氣息的茶藝館，如紫藤廬、客中作、東坡居、清香齋等。雖然香港並未立刻仿效，不過，到了八十年代後期，香港分別出現雅博茶坊、真茶軒和山石茶藝館，成為不少名人和文化人的聚腳地。這三家茶藝館的成立理念和設計對後期本地茶藝館的影響甚深，創辦人後來也成為今天本地業界的中堅人物。到了九十年代，一些茶藝館陸續開業，可惜並未形成氣候。薛嘉發認為本地的茶藝館直至 2010 年代才迎來成熟期，現時香港已經大約有超過二十家現代茶藝館，各茶館的主打產品別具特色，相信將會成為高階餐飲市場的主導之一。[16]

左 水泠泠外貌　右 水泠泠室內陳設

　　這些茶藝館企圖營造一個脫離現今繁華都市、標榜能夠洗滌心靈、得到平靜的空間。它們不但空間較大，裝潢亦講求格調。打從你打開門走進去，桌椅、茶具的設計與佈置都份外講究。對某些茶藝館來說，茶與茶道甚至只是追求生活品味的其中一個途徑，它們會在茶的基礎上，加入其他傳統藝術或西式享受而豐富整個品茶過程，也就是透過產品的多元化以提高利潤。文殊花度主打花道與茶道的結合，舉辦一系列花藝課程，在宣傳照片的佈景上也重視兩者相融。六感生活館則推出綜合性產品系列，除品茶課程外，還推出花藝、香薰、品酒等課程，以及私房菜等服務。

　　由於把較多資金投放在裝潢、設備和器具上，茶藝館須要降低其他成本，故有不少店家選擇在租金較低的工業大廈或樓上店開

業，又趨向獨立經營及講求直接向茶農採購，如人間世茶會館、明茶房、瑜茶舍、木＋木生活館、茶莊等等。當然，這些茶藝館會根據主打商品的相異而沿襲不同風格，或呈日系、英式、傳統中式、中西合璧等元素，但大體均走較高檔次的品飲路線。試想像，當七十年代還沒有超級市場，居民很容易在鄰近找到傳統茶舖購買茶葉；現在則須要特地乘車到上環舊街或者旺區尋找有信譽的茶莊，或者要跨區到工業大廈學習茶藝。這不但反映傳統茶莊的式微，還有因為交通網絡所帶來的便利，而讓這些現代茶藝館避免被選址的劣勢扼殺生存空間。不過，這也表示他們的客源本身具有一定消費能力，而且本身對茶飲感到興趣，才願意特地光顧。

因此，有效地建立一群忠實的顧客成為這些茶藝館的主要課題。為了推廣自家品牌的茶葉，很多茶藝館都選擇開班授徒，透過長期品茗課程、講座推廣茶文化教育，從而達到銷售目的，例如走傳統中式設計的緣緣堂會提供場地予知名茶人舉辦課程。這些茶藝館又會與其他文化機構合作舉辦講座，如瑜茶舍曾於兩依藏博物館舉辦講座，進行茶藝示範，順道寄賣茶葉和茶具套裝。

左 文殊花度　右 六感生活館

左上 茶莊　　右上 木 + 木生活館　　左下 人間世茶會館　　右下 緣緣堂

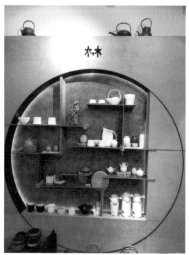

　　部分茶藝館的經營模式也仿效咖啡館，為客人提供食物，或純西式餐點，或混入茶葉口味的甜品。比如說，茶作結合創辦人擅長雪糕製作與茶葉知識的優點，研發不同口味茶味雪糕、開設雪糕班和雪糕車到會服務，[17] 並有意進一步拓展甜品領域，將中國茶的味道與意大利傳統甜品、蛋糕結合，務求將傳統口味年輕化。部分店舖引入各地茶葉，又加入花茶、水果茶等元素，在視覺上吸引女性客群。

　　由於不少茶藝館都在近十年成立，他們的市場仍集中於本地銷售，而已經有相當歷史的茶館如茶藝樂園（內地品牌名為「乾倉之味」，詳見第三章的「本地茶人故事」），就早早進攻內地市場。而觀乎眾多本地茶館，明茶房可說是在品牌形象與發展上的佼佼者之一。從 2000 年一家小小工廠大廈中的茶店，到 2017 年獲香港品牌發展局選為「香港品牌」之一，明茶房是少數打進了超級市場、精品店的本地茶公司之一，比較貼近一般市民的生活模式。其產品更被一些國際電影頒獎典禮和電影節選為官方禮品，在海外市場有一定的曝光率。

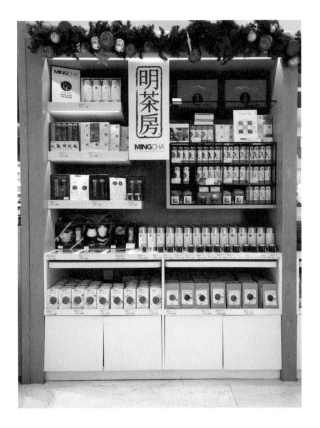

上 打進了超級市場的明茶房

新生代尋求突破

　　除了以上所述依靠建立一個避世的品茶空間而弘揚茶文化的現代茶藝館外，年輕一輩亦紛紛加入，以透明瓶裝冷泡茶及氮氣茶為主打商品，並嘗試不同經營模式，尋求突破之餘，也務求補足目前本地茶業所缺少的部分。冷泡茶的最大賣點必然是易攜、茶色吸引，讓忙碌的香港人也能偷得靜心享受茶味的一刻。

　　Moonlight 於 2018 年 5 月開業，對新成立的公司來說，如何建立有效的顧客網絡着實是一大挑戰。創辦人馬紹禮認為當不少茶商已經在本地屹立數十年，後起之秀在貨源或銷售上難以超越

左 加入氮氣的中國茶有飲啤酒的口感　　右 冷泡茶專門店

左 大紅袍 latte 以岩茶代替咖啡吸引顧客

右 茶活的平面廣告設計配合「Right Food, Right Tea」的廣告語，展示年輕一輩的茶

飲場景，反映他們提倡茶的質素，而非純粹細列產品的好處

圖片來源：Jetso Today 網站 [18]

對手；而且由於現今茶葉的供應模式轉變，入行門檻相應降低，大眾容易透過網購或旅行時自行向茶農買貨，再轉手出售，因此競爭十分激烈。如果純粹延續傳統茶莊的經營模式，其實發展空間會變得狹窄，新一輩能做到的不過是改善售後服務、建立較文創的形象等等。

因此，馬紹禮希望品牌的經營模式能開拓一個新的方向，為茶業增值。他說：「當你不再把茶看待成一樣只是弘揚中國文化、提

升精神層面的產物，而純粹把它看成一樣飲品來理解時，你的眼界、市場會變得廣闊許多。」Moonlight 無論在定位、經營模式都與一般飲品品牌較為類近：茶器都從傳統的紫砂壺、陶瓷，改為塑膠瓶、玻璃酒瓶和酒杯；在宣傳措辭上，也比一般傳統茶店選用更多有關食物安全、環保、品質有關的詞彙，務求大眾也能用一般客觀標準衡量茶的品質。馬紹禮認為酒、咖啡等飲品的品質監控、評鑑、知識傳播都早早建立了認受性和標準，並且業界是有共識的；相較之下，茶的品評標準雖然愈益進步，但有時仍顯得眾說紛紜，大眾也容易迷茫。在建立品牌形象時，他強調公平、健康、環保等普世價值、採用全球食品安全驗證標準來監控自家產品，減少過分吹噓花香、果香或味道的醇厚，讓消費者自行品味。

從買家的角度思考，像 Moonlight 這樣不需要太多場地支援的活動飲品供應商應該較受公司歡迎的。[19] 無須傳統茶席的繁複佈置、清場程序，簡單的桌椅，配上他們提供的瓶裝冷泡茶和酒杯，

左　馬紹禮創辦的 Moonlight 供應活動飲料服務

並即場向來賓分享有關茶的話題和品味資訊，就可以為企業形象增值。因此，Moonlight 看似主攻年輕市場，實際上卻是以企業對企業的經營形態為主，而目標客群是趨向成熟、具一定消費能力、追求更優質生活的一群。客人得到的並非只有茶本身，還有茶類顧問服務、品飲體驗等等，可謂是新生代的茶文化教育方式。另一方面，由於能夠因應不同企業顧客的場地和要求作出調整，在經營上顯得有彈性與可塑性。

乍看之下，同樣售賣冷泡茶的 Born Tea 茶活[20] 似乎大同小異，但或許也可從中看到香港市場的局限性，茶活捨實體店而取網上銷售的策略，瞄準的是海外市場。在本地充斥着資深茶人和店舖的環境下，開拓海外市場未嘗不是一條出路。創辦人施煒恆及王路陽針對西方人的泡茶手藝而減少茶葉分量，並設計雙層玻璃隔熱水樽，方便客人攜帶。此外，他們選用各種免費行銷策略：在機場向遊客派發樣品和進行試飲活動、透過美國的一間網上訂餐平台贈送茶包、玻璃瓶等優惠活動，吸引潛在消費者購買產品。這種促銷方式並不罕見，即便一般茶店亦有試飲服務。只是，當大部分茶人的主要行銷渠道是茶展、茶藝班、傳媒報道等主動聚集同行和同好者的方式時，他們的叩門式宣傳，並且活用互聯網的手段顯得異數。為增強消費者信心，他們又訂立退款機制（Money Back Guarantee System）。在開業最初的四個月，營業額達至兩萬杯的成績。[21]

請觀看香港電台節目《香港故事：世紀物語》之「百年茶業」新生代如何尋求突破。

香港國際茶展

茶在近年愈益受到歡迎，根據杜拜市場調查公司研究人員 Huzaifa Nalwala 於 2018 年杜拜舉行的全球茶論壇發表的報告，茶在飲品市場銷售量佔有率排行第二，僅次於樽裝水，並預料是未來數年銷售量能持續上升的少數者。[22] 聯合國糧食及農業組織的研究也指出 2016 年全球茶葉產量達五百七十三萬噸，中國作為全球首五名產茶國之一，從 2007 至 2016 年期間，茶葉產量上升了一倍，並預計全球茶葉消費和生產量在未來十年將受發展中國家和新興國家強勁需求影響而有所增長。[23] 即便香港在 2016 年的人均茶葉消費是全球第十七名，被日本超越，[24] 本地市場對於茶飲需求仍然甚高。也就是說，茶飲市場的長遠發展理應是有利可圖的，而舉辦茶葉博覽會便是一個慣用市場營銷平台，同時匯聚買家和賣家，協助商家進一步拓展本地乃至全球市場。據網站 American Specialty Tea Alliance 統計，2018 年全球共有七十四個官方茶葉貿易展覽會及國際會議，可見茶葉市場的蓬勃。[25]

2009 年，香港貿易發展局副總裁葉澤恩表示，香港擁有與內地鄰近的地利、全世界最自由的經濟體系，和自由流通的資金及市場資訊，有助香港成為環球茶葉及茶製品的集散地。[26] 此外，香港是亞洲交通運輸中心，對外海空交通運輸便利，在世界茶貿市場中極具競爭力。由於在過去年度舉辦的美食博覽中，茶產品大受歡迎，因此，香港貿易發展局從美食博覽大會分拆出茶產品，並和中國茶文化國際交流協會於 2009 年 8 月 13 至 15 日合辦首屆香港國

際茶展（Hong Kong International Tea Fair），與美食博覽會同時
假香港國際會議展覽中心隆重舉行，鼓勵企業把握茶葉貿易帶來的
商機，並期望促進香港發展成為環球茶業市場貿易中心，推動中國
茶業走向世界。[27] 當時吸引了逾二百五十家來自十七個國家的參展
商，和九千多個世界各地的買家，讓香港成為了連結世界茶業的一
個貿易平台。

香港國際茶展曾經一度拓展，在 2011 年 8 月 11 至 13 日舉辦第
三屆時吸引了三百一十多家參展商，當中包括來自中國大陸、台
灣、印度、日本、斯里蘭卡等的地區。為了迎合茶葉產品在包裝
和建立品牌形象方面的發展需要，當年新增了「品牌顧問及設計

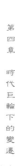

服務」專區及舉辦「業界翹楚打造茶葉品牌」研討會,由多位本地知名設計師於展場上向茶商推廣設計服務,以提升茶葉產品、茶具的形象和包裝,藉此提高產品附加價值。部分設計師如靳埭強、陳幼堅、李躍華及黃安等在「業界翹楚打造茶葉品牌」研討會中分析了品牌管理對茶葉企業發展的幫助,並分享設計業界成功革新茶葉企業品牌的案例,為茶葉產品走向時尚、邁向世界提供了可行的方案。[28]

╚ 香港茶展宣傳品

　　十年過去，除了美食博覽和茶展外，香港貿易發展局引入更多產品種類的博覽會作為招徠，包括護膚產品、美髮及護髮用品、水療按摩用品、美甲用品、家電、家品等等，成功吸引五十一萬人次參觀，是 2009 年的 5.6 倍左右。從總人次方面來看，博覽會整體是比以前進步的，然而單就茶展的統計資料來説，是次一共有二百五十一家參展商，數目表面上與首屆相若，實則有滑落之勢。因為自 2011 年創下超過三百一十家的紀錄後，參展商的數目就逐年下降，參展國家及地區的數量更從首屆的十七個跌至八個。來自內地的攤位佔絕大多數，而海外國家及地區包括日本、韓國、斯里蘭卡、印度、美國、台灣等，佔總參展商數目不足百分之十二，反映展覽的國際代表性備受質疑。

　　展覽期間舉辦各項會議、聯誼活動、講座及研討會，如國際茶業市場會議、國際茶藝表演、「茶經論道」講座系列等，活動內容大同小異。較為特別的為茶園互動專區，以進行各種茶藝表演，展示各地茶具、茶文化書籍等。就筆者現場所見，很多入場觀眾都是從美食博覽展館順道而來，展區內的觀眾較少，茶似乎僅是芸芸食品中的其中一項選擇，何以從研究報告和本地台式茶飲店的人流來看，茶飲市場非常龐大，茶展內的觀眾卻相對冷清？反觀台灣於 2018 年續辦的國際茶業博覽會，參展商雖然也是約二百五十家，入場人數卻是年年攀升，對於台灣高山烏龍、東方美人等品牌也推廣得有聲有色。2019 年香港經歷前所未有的動亂，伴隨着新冠肺炎的陰霾下，香港國際茶展停辦了一年，到了 2021 年中復辦，成為美食博覽的一部分，只有大約十家本地茶行參加。香港未來應該如何重新吸引外地參展商，或者舉辦甚麼樣的活動作為賣點，看來都值得進一步探討。

左上 *2016* 香港茶展

右上 *2018* 香港茶展

左中／右中 *2018* 香港茶展參展單位

左下／右下 *2019* 香港茶展參展單位

　　隨着時間推移，茶飲發展出不同的產品形態。不論是台式茶飲店、現代茶藝館、新生代的經營模式或者走向國際的品牌，它們都有着一個共同點，就是其產品不單單是茶這單一商品，而是往往與其他主體組合銷售，或食物，或藝術，或周邊商品，或衍生的教育課程等等，讓品茗的過程變得豐富。當然，它們的產品並不可能讓所有人認同。雖然台式茶飲店深受本地及海外大眾歡迎，分店不斷增加，例如茶湯會有志於 2021 年掛牌、[29] 日出茶太計劃於 2019 年進駐歐洲國家，[30] 但是也有人堅守傳統味道，認為這些加入各種配料的飲品已經失去了茶的原味。不過，無可否認，這些茶飲店成功打入大眾市場，並且不斷推陳出新，務求留住客人。另一方面，現代茶藝館則大多抱着推廣茶文化的心態，透過鼓勵放慢生活節奏及品嚐茶的真味，為自己留有休息的空間。而年輕一代的經營者為了在市場上佔一席位，須另闢蹊徑，建立自己的獨特性，才能讓品牌變得鮮明可見。究竟這個城市、這個年代的人需要甚麼？是高檔次的茶藝館、大眾化的樽裝茶，還是多元化的手搖茶飲店？或者，我們需要的不過是「選擇」，可以揀選各自喜歡的味道。

香 | 江 | 以 | 外 | 的 | 茶 | 事

　　香港作為亞洲重要的轉口港，每年轉口的中國茶葉不計其數，香港國際茶展由 2009 年於香港會議展覽中心舉辦至今，直接或間接影響珠三角及東南亞地區的品飲習慣。新加坡、馬來西亞等跟香港相似的地方都是以台灣模式為基調，但以品飲中國出產的茶為主。香港茶商以勇於創新及冒險的精神，在海外實行探索和傳播茶文化。或許開創新市場實不易為，尤其在適者生存的商業社會，他們大都轉型以迎合當地情境。不管是政治、經濟或文化，香港終究是要接受更朝換代，我們有幸還有這麼一小撮人堅持帶動茶藝風尚，在「一帶一路」的熱潮下，香港以外似乎還有許多空間等待我們去發掘。

武夷山香江茗苑　圖片來源：香江茶業網站 [31]

香江茶事在內地概況

　　近年來，有關茶文化的旅遊已成為內地新興的活動。參與者大都熱愛品茶及鍾情中國的茶文化。中國是盛產茶葉的國家，因而在不同地區例如杭州、武夷山等地均發展出一系列與茶有關的旅遊活動。中國茶文化着重「和、敬、清、靜」，這些文化質素緊扣着中國傳統文化的承傳以及人倫道德的展現。筆者曾到訪由香港著名商人，中國茶文化國際交流協會會長楊孫西博士投資興建的「武夷山香江茗苑」，發現當中融合了不同的茶文化元素及地域特色，並成功結合了當地大自然的山川河谷，發展成福建省茶文化之旅的地標。事實上，茶文化之旅不單單是品茶，它亦帶出一種另類的旅遊模式，包括下榻當地的民宿、享受親身採茶的樂趣等，讓參與者能暫時忘卻活在都市的緊張和急促的生活節奏。

　　香江茗苑是武夷山香江茶業有限公司轄下的主題式公園。香江茶業有限公司集武夷山茶葉種植、生產、銷售、科研、茶文化傳播與茶產業生態文化旅遊為一體的農業產業化省級企業。經過多年的發展，香江茶業以「讓世界分享武夷」為使命，不斷開拓着武夷茶的市場空間，提升以「大紅袍」為代表的武夷岩茶的國際影響力。通過對茶產業和旅遊產業的整合，以「茶旅結合、茶旅互促」的運營模式，推進武夷山茶產業向專業化、標準化、規模化發展，讓武夷茶能夠以更合理的價格出現在市場上，並推進武夷山茶文化旅遊品牌建設，推動武夷山的交通配套及地產項目等全方位發展。[32]

左上 香江茗苑入口　　左下 香江茗苑內的展覽

右上 參觀香江茗苑　　右下 香江茗苑內的茶藝表演

　　根據香江茗苑綜合辦公室主任嚴凱懷介紹，香江茗苑茶文化觀
光園佔地面積一百七十畝，總建築面積六萬餘平方米，分為教育宣
傳區、觀光體驗區、娛樂休閒區、產品展示區，涵蓋武夷茶文化博
覽館、茶葉全自動加工生產流水線、茶山茶園、傳統手工製茶作
坊、茗香湖中庭水景、百年老店、葉嘉茶館、曲韻廊、品茗閣、茗
戰廳、產品展示廳等遊覽參觀點。參觀當日，園區內茶園綠樹蔥
鬱，極具當地特色；富有茶文化氣息的建築錯落有致，輔以花廊、

曲徑、池沼、水榭等獨特韻味的江南園林庭院式景觀。香江茗苑無疑是集茶葉種植、自動化加工生產、檢測、茶產品展示、研發以及茶產業生態文化觀光旅遊等為一體化的大型綜合茶主題體驗式休閒旅遊區，可惜遊人甚為疏落，似乎是一處尚待開發的邊沿土地多於旅遊景區。

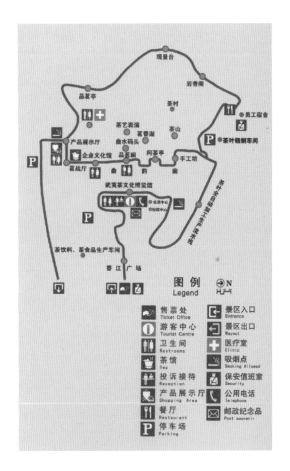

武夷香江茗苑遊覽路線圖　圖片來源：香江茗苑小冊子

訪 | 問 | 香 | 江 | 茶 | 人

　　在成書之際，筆者有幸與四位在內地享負盛名的香江茶人楊智深、何景成、白水清及楊孫西博士見面，分享他們在茶界的所見所聞及鮮為人知的香港茶事。

　　楊智深畢業於香港中文大學，師承蘇文擢，寄情於戲曲與茶。楊智深於 1987 年在法住文化中心開講茶學，曾策劃多次茶文化交流活動，又致力於粵劇及影視劇本創作，近年開始在北京及香港教授茶學，創辦穆如茶學，可惜不幸於 2022 年中病逝。

　　另一位香江茶人何景成多年來積極參與品評及研究普洱茶，亦持續於多本有關普洱茶的雜誌投稿。何景成亦為參與制定普洱茶國家評審方法的專家之一，曾與雲南下關茶廠合作生產「下關沱茶複刻版」，2024 年初出版《磚沱：雲南緊壓茶大事典 1930-2023》。

　　至於白水清被譽為香港普洱茶王，並為世界茶文化交流協會會長，在香港普洱茶陳貨市場佔有六成以上的份額。由於他在普洱茶界的突出貢獻，在內地曾當選第一屆全球十大普洱茶傑出人物，並於 2003 年 6 月被福建省人民政府授予銀盾獎章。現任政協第十三屆全國委員會委員。

　　最後一位受訪茶人是楊孫西博士。楊博士創辦香江國際集團，經商之餘積極參與社會活動，曾任多屆全國政協常委。2008 年起為中國茶文化國際交流協會創會會長，2009 年與香港貿易發展局合辦首屆香港國際茶展，並與孔子學院合作編寫中國茶文化教材。2011 年成立香江會・滙天下的茶葉品牌，2014 年更獲特區政府頒授大紫荊勳章。[33]

訪│問│香│江│茶│人│（一）
何景成

> 請問你是出於甚麼原因或契機選擇到內地發展？
> 何時和如何開始研究茶？

　　我本來從事中港物流貨運工作，但自幼受鄰居影響而喜歡工夫茶。上世紀八十年代，我發現香港的茶商並不認識茶，1985 年起內地雖有私營茶莊，但中茶公司控制了所有茶的出口權，香港的茶商只可以跟八大公司以下的商人入貨，茶葉有固定數字和質量控制，較佳的茶葉都外銷來香港，因此香港的茶商不須要對茶有研究，甚至無法辨認自己售賣的茶。有見及此，加上出於對茶的好奇，我把貨運工作交給弟弟經營，自己改為研究中國茶。

　　我回到內地，先在安溪待了九個月研究鐵觀音，然後又在武夷山待了半年研究岩茶，由九十年代起轉到雲南研究普洱製作。當年雲南的圈子很小，很容易結識到茶商。我也收集不同茶葉的樣板，四出尋找老茶，在義安茶莊得到樣板後，便追溯那些茶餅的下落，最後於瓊華中心購入了第一餅老茶。之後我陸續收集了一千七百多個樣板，包括大量磚茶和沱茶。我於 2001 至 2003 年間開始慢慢參與做茶，在內地各處參考別人的製法作為資料搜集。2006 年我正式做茶，起初下關茶廠一直以雲南西北邊寶山的茶葉做發酵，我希望研究一下熟茶發出酸味的原因是否與寶山有關，於是買了一批茶葉到深圳做熟茶，做成了南橋鐵餅。

＊ 香港人在中國茶行業發展有優勢或困難之處嗎？
可否談一下香港人在內地茶行業的發展概況？

　　香港人當年在內地的優勢包括有錢和有創意。雲南那時只會做常規的茶，跟原來的方法經口傳做茶，而且思想純樸，歡迎外來人合作。而香港人則較靈活，有金錢可以購入樣板、做化學分析，可以把配方加以理論化，研發更佳的製法。那時雲南的茶廠也須要到廣東第一茶廠學習陳茶方法，而廣東第一茶廠正正是由香港人北上教授，當中包括盧鑄勳及周琮等人。當年香港人找一些不太有名的茶廠合作也比較容易，我亦幫了昌泰茶廠，向他們提供技術參考。2002 年我發表論文，從香港角度看雲南茶的分類，對認識雲南和發展香港市場有幫助，他們便覺得我是專家。說到專家，我認為香港人在內地的專家可分為兩種，一是「誰去買，誰便是專家」，對內地茶廠而言，香港人當時是高一等的，訂茶的客人又會幫自己的茶推銷，自然是該茶的專家。另一種則是專門評茶、收藏和歷史研究派。當然，很多人到內地賺快錢，錢賺完了，又轉戰別的範疇。

＊ 茶具文物館收藏了一套有你簽名的「下關沱茶復刻版」。
下關茶廠當時仍是國營單位，可否分享一下這套沱茶的故事？

　　我一直在內地尋找沱茶和磚茶樣板，在 2002 年年底遇見下關茶廠廠長，讓他看看我手上的下關茶廠樣板，鑑定生產年份。起初廠長並不願意做，把樣板寄回深圳給我，我告訴他我仍有其他樣板，他讓我下次見面再拿給他。2003 年下關茶廠廠長更替，我與

屬於深圳永華的雲南省公司銷售員太俊林一起，拿着三十個沱茶的
材料及圖片回去，成功取得跟陳國風總經理合作的機會，根據不同
時期的配方，製作了共十一個口味的復刻版。我選擇做下關沱茶復
刻版，因為下關茶廠是最有歷史源流和最大的茶廠。這套復刻版值
得收藏，其中一個原因是當時茶廠還是國營單位，2004 年已轉為
私營了。

上 下關沱茶復刻版

▷ 下關沱茶復刻版簽名

下關沱茶復刻版圖譜

🍵 可以再分享其他鮮為人知的故事嗎？

　　說到有關內地普洱茶的進出口，以前普洱茶並不受歡迎，更不會推出任何珍藏版。普洱茶曾於上世紀五十代銷情慘淡，須要停產。當時中國實行計劃經濟，各省都需要計劃出口的數量。香港茶樓向內地港交會購買蒸籠、杯、碟等食具，會被逼購買普洱茶葉，因而須要在港轉售。第一批茶來到香港，會放在廖創興銀行的倉庫，但畢竟香港倉租貴，因此要求把第二批貨放在廣州，亦因而出現了無紙紅印的故事。有說法指那批在廣州的紅印茶因紙包裝而減慢陳化過程，所以提貨時已除去包裝。但我可以告訴你，這說法是假的，是後來的人加上。因為雲南省公司有記錄記載，當時的內銷茶，亦稱圓茶，是不包紙的，只有出口的圓茶才包紙。所以該批茶起初是有紙的，可能只是貨尾才變成沒有紙的內銷茶，那是出口和

內銷的問題，與陳化無關。在中國，出口和內銷的配方不同，出口
到香港的選料成熟，味道較厚較佳，內地人喝普洱猶如喝綠茶，用
嫩葉製成，茶韻便較弱。

訪│問│香│江│茶│人│（二）

楊智深

🍵 請問你是出於甚麼原因或契機選擇到中國發展？
何時和如何開始研究茶？

　　我選擇到中國內地發展源於我是福建人，一直覺得香港不是我的故鄉。我喜愛中國文學，但父母的描述和文學中描寫的中國生活，與我在香港接觸的情景甚為不同。然而改革開放以前不容易回國，與中國的連繫，就只停留在用麵粉袋寄日用品回鄉、故鄉的親人寄回的一包茶葉。父母對茶葉十分珍愛，是年僅十歲的我對茶的印象。中學時期我開始愛上了茶，大學時便開始購買茶葉。那時裕華國貨有招商引資的活動，每個月有一個省份來港推銷。以前香港是面向世界的窗口，來到香港的都是頂級茶葉。記得在 1986 年，茶葉賣三十元一兩，相當於中國內地一個月的工資。我每一種茶都買二兩，這些不同省份的茶成為我腦海裏的中國地圖，也使我喝遍全中國最頂尖的茶葉樣板。同樣重要的是我的師傅顏禮祥先生，我在他西環的顏香圃學會工夫茶。

　　畢業後，即 1988 年左右，我回到中國從事京劇活動。京劇和茶使我從感觀上認識中國。我有幸得到家人支持，即使因為沒有繼承人而導致他們在內地的工廠關閉，他們也沒有多問。2000 至 2006 年間，我又再次回到中國當編劇。2006 年以後的五年，我走遍全國，為的是到不同的窯址參觀，製作一套完美的茶具。由 2006 年至現在，我在北京一邊做電影，一邊做茶的教學。於我而

下 楊智深近年開始研究茶具

言，電影的擂台大，是面向全世界的，這種壓力讓我證明自己的價
值。而戲劇和茶一樣，都是容易與人分享中國文化的載體，茶更是
當中最友善的。

香港人在中國茶行業發展有優勢或困難之處嗎？
可否談一下你在這方面的工作？

　　香港人口分佈多元，酒樓內的茶選擇也多，與中國內地和台灣
的接觸面有很大分別。香港在中國的優勢主要是經驗，香港在解放
前的普洱經驗是中港台三地中獨有的。相反，內地沒有傳統、老茶
莊和老前輩，常出現一些未經證實的說法。香港人說話相對有根

據，因為容易找到前人查證。上世紀八十年代，香港有陳春蘭茶莊，出售解放前的普洱。我與他的二公子吳樹榮先生熟絡，連續數年都關注這些茶。我亦曾與白水清先生在舊式茶樓賣地結業時收購號級茶，所以有機會認識大量解放前的茶。解放前的茶對台灣來說很有故事性，讓香港成為與台灣交流的地方。

在中國大陸，我可以提供評審、沖泡等技術上的幫助。現在北京人的文化水平高，我亦提升至講解為何茶是好的，專注它的藝術形態。藝術不只是享受，審美有一定的標準，與歷史文化有關。因此我會回到《茶經》，講解純藝術和思想的部分。而相對香港，內地有文化政策，政府與文化活動有直接的關係。例如地區政府覺得你辦活動辦得好，便會把旁邊的地送給你，讓你蓋房子出售，使文化活動有收入來生存，不像香港要面對昂貴租金，好像在 2018 年北京設計周期間，我協助籌辦了「西海茶事・跨界藝術展」，邀請到了兩岸三地的專家學者、藝術家到北京共同探討中國傳統審美生活的精神和當代生活美學。

🍵 我們得悉你從年輕時便開始在香港教授茶班，
可否分享一下經驗？

當我還是二十五歲時便在法住文化書院教茶。當時他們在窩打老道的會址設立了休憩空間，原本打算用作咖啡廳，但得到我的古琴老師和書院創院院長霍韜晦先生鼓勵，便與大家分享我知道的茶事。當時我年紀輕輕，面對着很多比我年長一倍的學生，我在第一堂課時還不敢自認老師呢！最令我一直堅持的，是我的老師饒宗頤

先生，他在我分享茶事後，指自己亦未曾聽聞這些知識，鼓勵我要
講傳下去。

　　1988 年之後的四年，我與課堂上的學生陳國義先生等想在尖沙
咀開一間高級的茶室，於是成立了真茶軒。當時我們須付六萬元的
租金，茶的定價也很高，只有四十五元和九十元的茶提供，吸引不
少娛樂圈名人光顧。不過 1989 年經歷了六四事件，真茶軒生意難
以維持下去。後來得到城市當代舞蹈團的曹誠淵先生支持，我們又
成立了水雲莊，維持了兩年。此時顏奇香茶莊亦成立奇香茶坊，開
始有茶班，令香港成為與台灣交流之地，這些都是歷史使命。

　　此外，我亦在葉惠民先生的香港茶藝中心教茶，包括教授茶藝
師課程，當時一日上七堂，整個星期都有，早上經常有日本太太來
上課。這是有系統和課程化教學的開端。我們也帶學員到杭州參加
茶文化研討會，也因雲南思茅發現了二千多年的茶樹而帶領過四十
多人的考察團。

香港茶藝中心小冊子

香港在推廣茶文化方面有何角色可扮演？
可以再分享其他鮮為人知的故事嗎？

　　2010 年，我在北京成立了穆如工作室，因為租金相宜，可以營造相當舒適的空間。我在那兒以茶會友，結識了很多全國頂尖的畫家和音樂家，組成了一個藝術圈子，隨時可以舉辦沙龍，那讓我十分開心和滿足，是金錢買不到的收獲，這對我來說是最成功的。因此，我不認為有錢會使人快樂，與有質素和追求的人在一起才是最令人快樂的事。關於將來的計劃，我會以錄影茶事講課及寫有關茶的書，為口耳相傳的茶文化留下資料。

　　茶是中國的東西，也與不同民族有關。它是直接的感觀體驗，可以在二十分鐘之內介紹到中國的文化內涵。所謂琴、棋、書、畫、詩、酒、花、茶，茶雖排在最後，卻最易於分享，而且只有中國的茶有多種變化，西茶如奶茶則沒有變化。喜歡品茶的人，或愛其香，或愛其味，或愛其寧靜之境，而於我卻另有理由，那就是身為中國人的民族尊嚴。

上　北京穆如茶室　下　訪問楊智深（右）

訪│問│香│江│茶│人│(三)
白水清

請問你是甚麼原因或契機而選擇到香港發展？你的家鄉是盛產
鐵觀音的福建安溪，請問你為何和何時開始研究普洱茶？

　　1955 年我出生於安溪龍門美卿村，父親是共產黨員，被打成右
派後，哥哥和我也被剝奪求學的機會。我沒上過幾年小學，十多歲
便開始出來社會工作。我在村裏的耕山隊幹過活，也到茶場做過
工，並在建築工地做過木工。1982 年我和哥哥跟着父親去了香港。
兩年後父親回國，我和哥哥則留在香港工作。當時我僅帶着一百元
路費，初到香港給自己定下一個奮鬥目標：用五年的時間學好廣東
話及融入香港社會，在第一個十年掙一百萬元，到第十五年時，掙
一千萬元。農村長大的孩子想改變自己命運，只有奮鬥，別無選擇。

　　最初到香港的頭幾年，我一邊在一間玩具廠打工，一邊利用業
餘時間做商品貿易。我做過中藥材生意，曾深入如冬蟲夏草等中藥
材的產地去組織貨源，結果付出了很多心力，卻只賺到微薄的收
入；我也做過玉石生意，曾隻身深入雲南瑞麗甚至緬甸，又因打不
開市場而放棄。在市場上雖然屢屢碰壁，但我很快熟悉市場貿易的
規則，得到許多書本上學不到的經驗。

　　最終幫我站穩事業，還是依賴家鄉生產的鐵觀音。二十八歲那
年，我花一千港元託人從福建安溪買鐵觀音到香港銷售。當時買進
價格是一公斤四至五港元，到了香港卻能以一公斤二百港元售出，
有將近四十倍的獲利。我逐家逐戶去推銷家鄉的鐵觀音，雖然吃過

上　訪問白水清（中）

不少閉門羹，但我相信若要成功推銷，面皮不能薄。我開始看見香港飲茶市場的驚人潛力，也逐步累積起人生的第一桶金。

有了第一桶金，加上自小從家鄉茶山自學而來的茶知識及閱讀相關書籍，我開始在香港大舉蒐購普洱茶。這些價值不菲的舊茶，大部分來自香港八九十年代因拆樓而結業清倉的舊茶樓。為何鎖定普洱茶？理由很簡單，烏龍茶或鐵觀音以高溫提香，偏酸性，對胃部較刺激；香港人生活水平高，吃太多高脂肪食物，飲普洱茶才不會傷胃。

香港茶樓文化及普洱茶的普及是否有關連？八十年代前後香港茶樓及茶行業發生了不少變化，你有什麼經歷可分享？

二十世紀九十年代初，香港房地產業勃興，很多老酒樓和舊倉庫被拆卸，得以發現原先存放的部分老茶。我在接觸和品鑑的過程中，發現普洱老茶的茶性偏鹼，香氣和滋味跟其他茶類有很大區別；我又嘗試找一些中老年人改喝普洱茶，發現普洱所具備的安神、養胃的保健功效，只有老茶才做到。

為了拓展更大的商機，我在 1987 年帶着普洱老茶到台灣宣傳推廣。台灣人有很多都是祖籍福建，福建人向來有飲茶習慣，消費能力很高。喝慣了高山烏龍茶的台灣人，在品嘗到滋味醇厚的普洱老茶後，由一開始的排斥變成了喜歡，到最後深深着迷。就這樣，我差不多用了六年時間打開台灣的普洱老茶市場，並掀起了一股追捧老茶的熱潮。

我先輸出較便宜的普洱熟茶，試探台灣飲茶市場。1993 年再以一片四百至五百港元的紅印普洱成功賣進台灣。那時台灣市場上超過八成普洱都是從我這兒賣過去的。九十年代中期，普洱茶在台灣大熱，吸引不少香港茶商將大量陳年普洱賣到台灣賺錢。由於政治原因，當時內地的貨物不能直接運至台灣販售，因此有不少茶商遂透過中間商人以走水貨形式，將拆走包裝紙的普洱茶帶到台灣，一年銷量可以達到七八千萬港元。

眼看當時市場接受度最高的「紅印」普洱茶價格，在 1997 年漲到每片港幣一萬元，加上 1998 年金融風暴，我估計香港及台灣高端市場已近飽和，便將眼光轉到韓國與馬來西亞以開拓新市場。從接受程度來說，台灣是從一千港元到一萬港元，韓國是從一萬港元到三萬港元，馬來西亞則是由三萬港元到五萬港元，現時都面臨飽和階段。

你認識茶藝樂園的陳國義及南天貿易公司的周琮嗎？對於他們有名的 7542 及 8582 普洱茶餅有何看法？還有其他鮮為人知的故事可以分享嗎？

2003 年陳國義手中收有一批乾倉存放的 7542（1975 年昆明勐海茶廠出產的 4 級普洱生茶），即茶藝樂園的八八青餅。這批茶滋味苦澀，不被業內人士看好。但我覺得這批茶日後一定能轉化得特別好。因此，我開始從陳國義手上分批購入八八青餅，也有從其他茶行如茗香、源茂興記等入貨。2005 年開始，我以一片八八青茶餅三百港元的價格推向市場。由於茶葉口感上佳且數量有限，愛茶者趨之若鶩，茶價也直線上升。到了後來甚至只能採取限購，很多人還特意從廣州到來求茶。2006 年，一件（十二筒，每筒七餅）八八青餅已經賣出了二十多萬元的價格，估計二百多件的茶也只剩下幾十件。到 2017 年，八八青餅的價格甚至達到七萬元一片，五百八十八萬元一件。

說到南天貿易公司的周琮，當然要說經典的 8582 及 8592。這是從 1985 年到 1996 年期間，由南天貿易公司向勐海茶廠訂製的一生一熟兩款經典普洱茶，十多年間暢銷香港。能留存至今的 8582，算是普洱老茶中的珍稀產品，它現時的市場價格已經超過十五萬元一片。而 8592 因為是熟茶，當年消耗得更快，能留存至今的更罕有了。周琮及弟弟周勇是雲南騰沖人，他們的父親和雲南省委及雲南省外貿局有交情，估計因此才能直接獲勐海茶廠配貨。

1984 年，香港茶莊的老茶庫存出現了青黃不接的情況，很多茶莊希望能夠補充一些餅茶。雖然當時市場上有 7542，但很多茶

由中國國家博物館收藏，白水清監製的普洱茶餅

莊覺得成本太高，佔用資金太多，而且 7542 用料偏細嫩，陳化效果不理想，茶莊希望南天貿易公司能夠做一款既便宜又有存放價值的餅茶。事實上，歷史上著名的普洱茶用料並不是很細嫩，而是粗壯的茶居多。粗壯的茶存儲出來滋味口感更好，而粗壯的茶壓製出來的餅型較大較鬆，轉化的速度也會更快。

南天貿易公司與勐海茶廠進行了多次交流、磨合，才安排到 8582 及 8592 運來香港出售，並廣受好評，尤其是 8582 不僅價格低，而且耐存放、陳化效果好，口感醇厚、層次豐富，深受深圳市場追捧。

🍃 2016 年中國國家博物館收藏了兩餅由你監製的「清頤堂宋聘號」及「清頤堂紅印」，可否分享一下兩款茶的故事？在「一帶一路」的熱潮下，香港在推廣普洱茶貿易上有何角色可扮演？

宋聘圓茶是號級茶的代表，帶動中國收藏級普洱茶拍賣風氣之先，是歷年老茶拍賣會上的最大焦點。紅標宋聘更代表普洱茶的至高境界。余秋雨先生曾說過：「宋聘，尤其是紅標宋聘，可以兼得磅礴、幽雅兩端，奇妙地合成一種讓人肅然起敬的衝擊力，彌漫於口腔胸腔。」中國國家博物館收藏的其中一款是我於 2015 年特製

的宋聘號，原材料來自西雙版納的產茶區易武。細品在口，略帶苦澀，隨即轉為回甘。

　　如果說五年的新茶就像乳臭未乾的孩子，那麼 1952 年的紅印，作為中國解放以後印級茶的代表，便似輾轉人生的中年智者，經過人生的坎坷、教訓，就變得沒那麼張揚，綿長厚重。另一款中國國家博物館收藏的普洱茶餅也是我於六十歲（即 2015 年）特製的紅印，原材料來自西雙版納的另一產茶區布朗山。我很高興兩款茶均作為非物質文化遺產成果而被博物館永久收藏。

　　作為全國政協委員，我在全國兩會上的提案都不是圍繞茶來說，而是站在中華民族復興的高層面、廣角度上提出了關於「一帶一路」建設的提案。所以有朋友開玩笑說，茶業專家只談「路」，不談「茶」。 2015 年以來，我先後向全國政協提案委提交的有關「一帶一路」方面的建言包括《關於加快福建自貿區建設助力「海絲之路」經濟帶建設的建議》、《關於切實發揮海外華僑華人在實施「一帶一路」戰略中作用的提案》、《關於切實做好華裔新生代工作的提案》等。

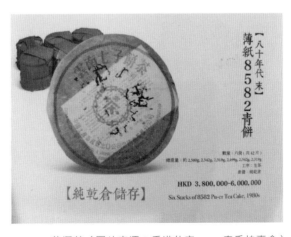

└ 8582 普洱茶（圖片來源：香港仕宏 2019 春季拍賣會）

訪｜問｜香｜江｜茶｜人｜（四）
楊孫西博士

🍃 請問你是出於甚麼原因或契機到內地發展茶業？可否談一下你在武夷山的計劃？

　　我的高祖輩在清乾隆時期就已經在福建的福州和沙縣經營茶業，可以說我這份對茶的喜好也許是流淌在血脈裏的一種情感，經過歲月的傳承保留了下來。閩南人對於茶的熱愛可謂人盡皆知，而我的家鄉正是福建省的石獅市。十三歲時，我才移居香港，幼年長在家鄉，所以茶香就是我印象最深的兒時味道。我年輕的時候，家裏的長輩們大都愛茶，他們經常聚在一起喝茶閒聊，還記得那時他們會談到喝茶要講究甚麼、喝茶對人有甚麼好處，有時也會講起與老外做茶業的趣事。[34]

　　要說我自己還是最喜歡武夷岩茶，我也是在武夷山結識了「曦瓜三兄弟」——徐秋生、陳榮茂和劉安興。1996 年，他們正式擔起了武夷山市岩茶廠的經營重擔。在他們事業的低谷期，我與他們相遇。那時曦瓜遇到了開工廠以來的一次重大考驗：進行第二次生產規模擴張時遭遇茶葉交易低迷，於是資金出了問題。我不願看着自己鍾愛的武夷岩茶就此沒落，也不忍看着對茶業積極求進的三兄弟放棄自己苦心經營了十幾年的茶廠，於是決定為茶廠注入資金。在 2006 年，我名下的香江茶業與福建省武夷山市岩茶廠達成了全

下 訪問楊孫西博士（右）

面戰略合作，2011 年起以香港為基地，透過茶葉品牌香江會・滙天下發展茶業至北京、重慶、西安等地。2016 年，在武夷山建成了香江茗苑茶文化觀光園，集茶葉生產、研究、銷售及生態文化旅遊於一體。

香港不是茶葉的原產地，經營成本又高。你認為本港的茶從業者的生存空間在哪裏？香港人在經營茶行業上有甚麼發展優勢和困難之處？

香港是個移民城市，有很多來自五湖四海的人，他們把各地的生活習慣帶到香港，造就了香港的多元文化。就以茶文化為例，香

港人有各種品茶方式，也有不同方式傳入，譬如台灣茶藝、日本茶道、韓國茶禮等；在香港的少數族裔，包括巴基斯坦、印度也有獨特的拉茶文化。香港人對吸收外來文化的包容性很高，能夠汲取所需的養分化為己用，可見香港既是一個創造機會的地方，也同時為茶文化的傳承提供了一個平台。

或許自幼受祖輩的薰陶，我認為有必要在香港繼續弘揚中國文化，傳統茶文化更需要大力宣傳，並同時吸收各方的茶文化，讓整個社會都能夠把象徵健康的茶產業繼續經營下去。但要宣揚本地的茶產業，單靠一人的力量有限，更需要來自各方各界的有心人推動，行業之間也要相互支持，才能夠一起飛躍。茶從業者要盡自己努力，不可期望太高，做任何事應學懂審時度勢，機遇與挑戰總是存在，成功在於能夠把握機會。香港人其中一個近在咫尺的成功機會就是在大灣區，只要把目光擴大，相鄰之地有大灣區、東南亞市場，甚或至中東都是不錯的機遇。例如在 2022 年，我名下的香江茶業便與國內的樽裝茶公司合作，研發各種合適市場的茶類飲料，最近廠房已準備好投入生產，預計在今年（2023 年）第三季可推出市場，務求在不同渠道讓大眾更容易接觸到優質的茶產品，了解中國茶的好處。

> 你為推動香港本土的茶文化不遺餘力，包括為香港茶行業從業者提供相互交流的平台，如中國茶文化國際交流協會等。請問你認為還有甚麼方式可以進一步推動香港的茶文化發展？

每個時代都有該時代流行的產物與文化，只要是與茶相關的都應該被推崇。據記載，茶是興於唐而盛於宋，由煮茶法到點茶法，每個步驟都一絲不苟。宋代的點茶法更向東傳至日本，演化出日本的茶道精神。隨明太祖朱元璋下詔廢止團茶製作，扭轉以往對茶的使用方法，以散茶葉沖泡的方式在清朝繼續演變，時至今日仍是中國最常見的備茶正道。我從小就對歷代茶道十分感興趣，跟隨父親學會了品茶、飲茶，培養了這個伴隨一生的業餘愛好。我認為每個人都應該有業餘愛好，這可以從生活習慣中培養出來。正如當初成立中國茶文化國際交流協會的宗旨，我希望建設一個平台以茶會友，培養各人對茶的興趣，從而推進國際茶文化交流及發展。[35]

6 中國茶文化國際交流協會刊物

下 珠海學院內的茶室

　　我更希望透過教育讓學生從小慢慢培養飲茶的習慣，於是分別在福建中學出資興建茶藝室，捐贈天水圍香島中學籌建茶文化體驗空間等。為了能在高校的層面推動茶學發展，我在去年（2022 年）向珠海學院捐款興建佔地 1,000 呎的茶室，以便在校內開辦茶文化課程，這將是香港高校首個茶文化交流教育場所。[36] 我希望在中學及大專院校設立茶文化交流室，不單只是停留在「視覺層面」或「文章形式」的教育，而是能迎合當代年輕人的審美需求及興趣，以「沉浸式體驗」來激發其自主思考和主動學習，為莘莘學子提供一個合適環境，以茶藝課程，培養年輕人對茶文化的興趣，讓學生在課餘時間於幽靜的環境享受飲茶所帶來的樂趣。[37]

可否分享一下香江會‧滙天下的由來？ 還有其他鮮為人知的故事可分享嗎？

2007 年我在北京開發「南新倉國際商務中心」項目時，應文物部的要求，保留了一片明代按軍事標準用大城磚砌成的糧倉。這些糧倉牆基厚實，冬暖夏涼，歷經六百多年的歷史還散發着古樸韻味。我當時邀請了香港著名設計師陳幼堅（Alan Chan），把其中一間古倉裝修成既有皇家糧倉原貌，又有現代特色的聚會場所，取名「滙天下」，可算是香江會‧滙天下名字的由來。[38]

中國名茶雖多，惟真正的品牌卻欠奉。作為一個愛茶之人，我想或許可以在香港這個中西文化交滙、屢創名牌的地方，為中國茶創立品牌形象做些工作。我更希望在香港的滙天下能滙聚海內外朋友，相約於此品茗言情、談古說今、留連忘返。

上 香江會‧滙天下位於銅鑼灣的門市

注釋

1　匯泉國際有限公司：〈海外市場〉，道地網站，2013 年，https://www.tao-ti.com/overseas.php

2　薛嘉弢：〈香港茶館史略〉，「好雪片片」facebook 專頁，https://m.facebook.com/moments.teahouse

3　資料來源截自 2019 年 1 月 21 日，〈香港台式飲品餐廳〉，OpenRice，https://www.openrice.com/zh/hongkong/restaurants/dish/%E5%8F%B0%E5%BC%8F%E9%A3%B2%E5%93%81

4　〈日日有樓睇：珍珠奶茶店〉，無線新聞，2018 年 8 月 20 日，http://demo.news.tvb.com/programmes/apropertyaday/5b7ae5c0e60383bd174dd7d3

5　賓仕國際控股有限公司：《股份發售》，頁 71。

6　至今對珍珠奶茶的真正創辦人仍未有定論，而 2006 年，翰林茶館曾因珍珠奶茶的發明權控告春水堂。最後台南簡易庭判決翰林茶館敗訴。

7　〈日日有樓睇：特色茶飲店〉，無線新聞，2018 年 8 月 27 日，http://news.tvb.com/programmes/apropertyaday/5b842749e60383d6692751e2

8　Morrissey, B., Brands infiltrate social circles to create buzz. *Adweek*, Oct 29 2007, Vol. 48, Issue 14, http://easyaccess.lib.cuhk.edu.hk.easyaccess2.lib.cuhk.edu.hk/login?url=https://search-proquest-com.easyaccess2.lib.cuhk.edu.hk/docview/212467786?accountid=10371

9　珍煮丹執行長高永誠接受無線新聞「日日有樓睇：珍珠奶茶店」（2018 年 8 月 20 日）訪問時發言，http://demo.news.tvb.com/programmes/apropertyaday/5b7ae5c0e60383bd174dd7d3

10　數據截自 2019 年 1 月 21 日，〈太子台灣菜台式飲品餐廳〉，OpenRice，https://www.openrice.com/zh/hongkong/restaurants?cuisineId=1009&dishId=1006&districtId=2029

11　〈花甜囍室快將開幕了〉，「花甜囍室 - 茶飲專賣」facebook 專頁，2018 年 11 月 13 日，https://www.facebook.com/perfectlife.teashop.hk/photos/a.348983449187565/362710961148147/?type=3&theater

12　〈5/12 太子店 11:00 不見不散〉，「香港老虎堂 tigersugar」facebook 專頁，2019 年 5 月 6 日，https://www.facebook.com/hktigersugar/photos/a.254901878415344/447842132454650/?type=3&theater

13　Joe：〈FI 專題：香港茶飲業（二）| 行業龍頭陳錦泉分析茶飲業未來動向〉，Fortune Insight，2018 年 9 月 26 日，https://fortuneinsight.com/web/

posts/26319

14 〈英記茶莊加入茶飲店〉，*U magazine*，issue 695，food news，頁 12。

15 陳文華：〈茶藝‧茶道‧茶文化〉，拙風文化網，http://www.fs.ntou.edu.
tw/bin/downloadfile.php?file=WVhSMFlXTm9MemsxTDNCMFlWOHlNRGM
wTVY4NE1ESXlNRGN6WHpJd05qWTNMbkkrJrWmc9PQ==&fname=NlpheDZL
NkE1TGlBSU9pTXR1aVhuZWlNdHVtQmsraaU10dWFXaHk1d1pHWT0

16 薛嘉弢：〈香港茶館史略〉，「好雪片片」facebook 專頁，https://
m.facebook.com/moments.teahouse

17 〈三個澳洲學成回流 80 後發揮創意宣揚中國茶文化〉，先機網，http://
a1c1.com.hk/a1/politics/?id=17103

18 「UberEATS x Borntea 茶活『茶包試飲套裝』」，Jetso Today 網站，https://
www.jetsotoday.com/ubereats-free-tea-20171001/

19 六感生活館也有向文化性質的機構或商店提供類似活動飲料供應服務。

20 2017 年 9 月開業。

21 王淑君：〈90 後科大男開網店賣茶葉 專攻外國人月賣兩萬杯〉，《香港
01》網站，2017 年 11 月 5 日，https://www.hk01.com/article/130775，
2017 年 11 月 22 日最後更新；王淑君，〈90 後創業 深入機場派茶攞意見
惹特警注意……〉，《香港 01》網站，2017 年 11 月 5 日，https://www.
hk01.com/article/130801，2017 年 11 月 20 日最後更新；BornTea, n.d.
2017, https://www.borntea.com。

22 Dan Bolton, "Tea Consumption Second Only to Packaged Water", World
Tea Academy, May 1 2018, https://worldteanews.com/tea-industry-news-
and-features/tea-consumption-second-only-to-packaged-water

23 "Current Market Situation and Medium Term Outlook for tea to 2027",
FAO, http://www.fao.org/3/BU642en/bu642en.pdf

24 2009 年香港仍位列日本之上，但 2016 年日本排名已上升至第九
位。"Annual per capita tea consumption worldwide as of 2016, by
leading countries (in pounds)", Statista, https://www.statista.com/
statistics/507950/global-per-capita-tea-consumption-by-country/

25 "The Official 2018 Tea Festival, Trade Show, and Conference Schedule",
American Specialty Tea Alliance, https://specialtyteaalliance.org/world-of-
tea/2018-tea-festival-schedule/

26 〈首屆香港國際茶展明年舉行助企業把握逾千億茶葉商〉，「香港國際茶
展」，2018 年 11 月 13 日，香港貿易發展局網站，https://event.hktdc.

com/fair/hkteafair-tc/s/2189-For_Press/%E9%A6%99%E6%B8%AF%E5%9C
%8B%E9%9A%9B%E8%8C%B6%E5%B1%95/%E6%96%B0%E8%81%9E%E7%
A8%BF.html

27　「香港國際茶展」新聞稿，香港貿易發展局網站，https://event.hktdc.
com/fair/hkteafair-tc/ 香港國際茶展 /

28　文逸：《鏡湖茶香》。澳門：澳門特別行政區民政總署，2011，頁 89。

29　〈珍珠奶茶店上市　茶湯會冀 2021 年掛牌〉，商業解碼，2018 年 7 月 19
日，《TOPick》網站，https://topick.hket.com/article/2118699/ 珍珠奶茶
店上市茶湯會冀 2021 年掛牌。

30　嚴雅芳：〈旗下 Chatime 明年可望破千店連帶影響股價大漲〉，《經濟日
報》，聯合新聞網，https://udn.com/news/story/7254/3510255

31　「香江茶旅」，香江茶業網站，https://www.xiguatea.com/wx/info.
html?ichanel=102&itype=1

32　「香江茶旅」，香江茶業網站，http://www.xiguatea.com/wx/info.
html?ichanel=102&itype=9

33　「楊孫西」，中華書局（香港）有限公司網站，https://www.
chunghwabookstore.com/hk/author/detail/id/371。

34　唐文：《隨緣商旅：楊孫西創業 50 年》。香港：中華書局，2019。

35　〈珠聯璧合　共創香江茶文化新局—中國茶文化國際交流協會會長、香
江國際集團董事長楊孫西博士專訪〉，灼見名家，2023 年 6 月 1 日，
https://www.master-insight.com/ 珠簾璧合 - 共創香江茶文化新局—中國
茶文化國際。

36　〈香港珠海學院首設茶文化室 弘揚傳統文化說好中國故事〉，《香港商
報》，2024 年 1 月 10 日，https://www.hkcd.com.hk/content_app/2024-
01/10/content_8618282.html。

37　〈珠海學院獲捐贈 100 萬元 設立茶文化交流室〉，星島網，2024 年 1 月
10 日，https://std.stheadline.com/education/article/1974628/ 教育 - 熱
話 - 珠海學院獲捐贈 100 萬元 - 設立茶文化交流室。

38　「中國茶文化國際交流協會」2019 年會刊，2019，頁 3。

第五章

普洱茶在戰後香港的發展

普｜洱｜茶｜在｜戰｜後｜香｜港｜的｜發｜展

　　香港由一個小漁村發展至現今的國際大都會，茶葉轉口貿易的推動不容小覷。當中普洱茶的發展與香港也有千絲萬縷的關係，透過轉口港的優勢，香港不僅確立了在全球的地位，成就普洱茶的發展，同時肩負推廣普洱茶的角色，讓更多國家與地區的人士能夠接觸到普洱茶。

　　長期以來，透過普洱茶的貿易，雲南與香港之間緊密聯繫。前者為生產地，後者進行行銷管理及產品創新，如在香港發明的渥堆、濕倉等藏茶法，反過來影響了中國內地做茶的方法。香港又扮演着把普洱茶推廣給全世界的角色，形成了具有香港特色的普洱茶發展推動優勢，獲得業界認可，影響着近現代普洱茶的發展。

　　事實上，香港透過多年積累的經驗，讓普洱茶發展推至全新的高峰，改變了整個普洱茶市場的發展。由於市場上多種茶類的競爭日趨激烈，普洱茶的發展目前仍然面臨着非常嚴峻的挑戰，受速食文化的衝擊，特別是年輕的消費群體，以方便、味道更豐富等為原則，似乎對各種新式的手搖茶更感興趣。

　　由二十世紀開始，普洱茶在香港的發展歷盡高低起伏，每當普洱茶的發展遇到困境時，各方普洱茶的從業者都迎難而上，尋求合適的方法與創新，以振興普洱茶在香港的發展，推動整個普洱茶行業的進步。本章嘗試綜合分析戰後普洱茶在香港的發展，探討在現今新時代背景下的香港如何推廣普洱茶，讓茶文化在香港的發展得

以持續。

　　二十世紀初，根據《中國各通商口岸對各國進出口貿易統計》，1919 到 1929 年是普洱茶出口香港的黃金時期，每年出口在 3,000 擔以上，最高峰是 1929 年，出口香港 3,968 擔。[1] 當中，雲南普洱茶外銷出口主要有三條路線，第一條是由馬幫運到昆明，再裝箱至滇越，利用火車運到越南海防，再透過海路運到香港；[2] 第二條是從雲南江城僱用牛運到老撾的壩溜江，使用小木船運進越南，再轉口運至香港；第三條是從江城僱黃牛幫或馬幫運到老撾或景棟（現今緬甸），轉運到泰國曼谷，再轉運香港。[3]

　　二十世紀初的道路建設也大大改善了出口貿易，特別是 1910 年代由法國修築的滇越鐵路通車後和經緬甸鐵路出海的通道，都明顯縮短了雲南茶葉往外運輸的時間，降低貿易運輸所帶來的困難，有助雲南省的茶葉出口貿易。普洱茶大多行銷香港、越南，有一部分普洱茶會從香港轉運至東南亞國家如新加坡、馬來西亞、菲律賓

↳ 茶馬古道

等，供應給當地華僑飲用。部分普洱茶也會轉銷至國內。[4] 由此可見，雲南普洱茶在茶馬古道的基礎上，讓雲南與香港在茶貿易上相互聯繫。

二戰時期，日軍嘗試佔領雲南周邊地區，並集中攻擊中國的貿易路線，以切斷中國西南地區的經濟命脈，確保日軍的優勢，導致雲南的出口貿易完全停頓。普洱茶出口貿易在很大程度上因而中斷，使香港只能透過以往進口的普洱茶渡過戰時的需求。

直至二戰結束後，雲南普洱茶重新投入出口貿易，但茶葉的生產仍萎縮不振。市場蕭條及政治局勢混亂，加上交通運輸受到阻礙，雲南省茶葉主要的供應因此轉以內銷與邊銷，只有少量出口至香港及南洋等地。同時，茶業私商也有少量茶葉出口至香港，但利潤甚微，其中一間私人普洱茶茶廠敬昌號，把戰爭期間所收購不同茶商的餅茶，在戰後透過汽車陸運，經廣州再運往香港；或從曼谷運銷至香港，暫時緩解了香港市場缺乏普洱茶到港的窘境。此外，茶商瑞豐號因和敬昌號有親戚關係，因而共同經營外銷業務，把茶葉從雲南思茅運送到昆明，並在昆明重新包裝後悄悄運送往香港。由此可見，雲南的普洱茶出口貿易有過因戰時而被中斷的時期，並經歷了從僅有少量茶葉出口到貿易正常化的過程。[5]

敬昌號茶餅

（一）重整時期：1945－1972 年

這是普洱茶行業經歷最低迷的時期。受到政局不穩及經濟蕭條的不明朗因素影響，普洱茶在香港的發展也進入停滯期。由於進入了國營時代，由國家機構統一經營出口，內地不再讓雲南茶商將普洱茶出口至香港，並由雲南茶葉總公司統一把普洱茶轉運至廣東進出口公司。因為這些普洱茶沒有經過渥堆的過程，導致公司的成品茶在香港銷量一般。

1. 生產技術方面

戰後香港普洱茶茶商不僅是以銷售為主，還會投入茶葉的後生產加工技術。當時茶商為了迎合香港市場的口味，採用後加工的茶葉渥堆技術，把經過快速陳化後的普洱茶供應至香港大多數的茶樓。由於香港擁有這種技術，於是香港茶商進口東南亞，特別是越南、泰國、緬甸等地的毛茶原料，生產出迎合當時市場需求的舊式普洱茶。而這種透過渥堆技術所生產的就是熟茶與濕倉茶的前身。因此，香港人戰後初期研製的渥堆技術，不但展開了普洱茶的倉儲時代，也為後來的普洱熟茶時代提供了基礎。廣東為打開普洱茶市場，在五十年代後期也開始破解香港的渥堆技術，並向香港的茶商取經，如南天貿易公司的周琮及長洲福華茶莊的盧鑄勳。

2. 消費模式方面

六十年代以前，香港普洱茶的消費方式以茶樓和日後的酒樓為主，大大影響着市場和茶行的經營模式。他們對普洱茶葉的品質要

求嚴謹，特別在於茶湯的色、香、味，尤其以陳香為重，沖泡後必須陳香四溢；其次是要求耐泡，在多次沖泡過後仍有色有味。對茶葉外形的要求則是原身長條，允許有梗，以便更容易填滿茶壺，這樣茶客便不會輕易要求換茶，從而減低茶樓的成本。

此外，香港把部分普洱茶轉口至東南亞地區，銷售地點如馬來西亞、新加坡等。內地對這種加入少部分來自越南、泰國原料的「邊境普洱」也產生興趣。可見，雲南普洱茶外銷到香港，香港茶商把茶作後加工處理，讓原來的茶轉化成更醇化的熟茶，催生了普洱茶的發展。換句話説，港商主導着香港及東南亞普洱茶市場的發展。

3. 出口貿易方面

當時雲南省還沒有茶葉的直接出口權，故普洱茶的外銷貿易，須由擁有出口權的廣東茶葉進出口公司，以及擁有銷售區話語權的香港商人所把持。雲南茶葉進出口公司每年都會向廣東茶葉進出口公司提供普洱毛茶的原料，用於生產普洱茶，出口香港或透過香港轉運至各地。誠然，廣東茶葉進出口公司使用雲南原料為主，但這種具廣東特色的普洱也採用了廣東、雲南與越南地區所生產的曬青毛茶為原料，進行後發酵的實驗研究，跟日後的雲南現代熟茶風格差異很大。因此廣東茶葉進出口公司經後加工的茶品只能被稱為「廣雲貢餅」，不能完全地稱作百分百的正宗普洱茶。[6]

此外，由於外國茶葉進口的競爭，導致香港對普洱茶，以至中國茶的需求減低。同時雲南的私營茶莊亦失去經營權，個體的茶農被要求加入合作社，把所有茶葉的生產全部納入計劃經濟軌道。在

計劃經濟體制下，雲南省只能在幾家國有企業發出的指標下生產普洱茶，連自我開發和銷售產品的權利都失去，並以定產的經營方式，不僅令茶葉生產商的生產積極性受到嚴重打擊，同時令生產和消費出現極大萎縮，使雲南普洱茶行業步入最低迷的時期。[7]

（二）革新時期：1973－1999 年

隨着國家改革開放，普洱茶正式進入全新的革新時代。雲南茶葉公司為參考最大普洱茶出口地區——香港對普洱茶市場的要求，委派勐海茶廠、昆明茶廠及下關茶廠的技術人員前往香港及廣東，學習做發酵更重的普洱茶，並加以改進，從而誕生了劃時代的現代普洱熟茶。[8] 能夠開創出劃時代的普洱熟茶，需要無數茶人通力合作，普洱熟茶才成功為日後普洱茶的發展開闢一條新的道路。從此普洱茶有生茶及熟茶之分別，而普洱熟茶主要出口到港澳及廣東地區為主。[9]

七十年代初期，雲南省取得茶葉自營出口權，將生產的茶品直接出口，所有出口都被編上嘜號，包裝紙上印有「雲南七子餅茶」，並由在 1972 年重新改組的中國畜產進出口公司雲南茶葉分公司生產，將日後所生產的茶餅定名為雲南七子餅，沿用至今。[10] 為了滿足普洱茶的出口貿易要求，並用作對某種茶的品質特點標識的需要，普洱茶一律由雲南省茶葉公司規範嘜號。

_左 勐海茶廠　　_右 雲南七子餅茶

1. 生產技術方面

　　正如前文提及，普洱茶的熟茶工藝被研發的原因是因為生茶（青餅）需要很長時間才可變得醇厚。如果普洱茶需要太長時間轉化，則會影響市場的需求，因此研發普洱熟茶的初衷就是讓消費者能夠即時飲用醇厚、潤滑的普洱茶，從而增加市場對普洱茶的消耗量。由於最初普洱熟茶的工藝技術不夠成熟，茶廠又不太重視普洱熟茶的技術革新，所以早期各地茶廠生產的普洱熟茶，特別在口味上難以做到即時品飲的程度，仍需要經過數年的陳化才達到合適飲用的階段。

　　1973 年，普洱熟茶技術正式在雲南研究成功，各普洱茶茶廠通過參加廣州交易會，引起了香港茶商的極大興趣和關注。此外，香

港茶商在七十年代中期將雲南普洱茶（特指熟茶）出口到日本，亦引起了日本普洱茶熱。[11] 同時，由於當時普洱茶的主要出口地為香港，導致普洱茶在國際上的名氣遠遠不及綠茶與紅茶。恰好二戰時，曾是法國戴高樂將軍屬下的軍官甘普爾在 1976 年來港談生意，機緣巧合地接觸到沱茶，品嚐後把下關的沱茶推銷至歐洲，引起了西歐國家的普洱茶熱。由此可見香港扮演着把普洱茶推廣至全世界的重要角色。[12]

2. 出口貿易方面

鑒於市場對普洱茶的需求，自熟茶技術成功研究後，雲南的三大普洱茶廠（昆明、勐海及下關）逐步擴大生產：1974 年在廣州交易會上成交出口到香港、澳門及新加坡的普洱七子茶餅達 12.37 噸，成交金額達 23.43 萬美元；1975 年香港德信行普洱七子餅茶的訂單達 10.2 噸，成交金額達 1.63 萬美元；直至 1985 年出口至香港地區已增至 1,560 噸，金額更達 294.17 萬美元。及後普洱茶出口至香港及澳門地區每年維持 1,000 多噸，雲南普洱茶的出口量佔該

右 下關沱茶

省出口總量的百分之八十，[13] 可見香港市場對雲南普洱茶有極大需求，不論是轉口或內銷，甚至是港澳同胞和東南亞僑胞，除了日常飲用，更會將普洱茶作為禮品饋贈親友，[14] 在在反映出普洱茶貿易帶動香港的經濟發展。於是，從 1978 年起，雲南開始在普洱茶國際貿易中嶄露頭角，但真正取得統治地位還是在九十年代。

3. 八十年代的訂製普洱茶

8582、8592 普洱茶餅是因應當時香港的市場需求而訂製，是八十年代最大的普洱茶頭盤商香港南天貿易公司特別向雲南茶廠提出要求訂製的餅茶，代表着當時香港市場對雲南普洱茶的渴求，也象徵着針對及重視香港消費者的意見而訂製的茶餅。據香港仕宏拍賣公司在 2019 年的春季普洱茶拍賣會，拍賣嘜號 8582 的普洱茶（共 42 餅）以 709 萬港元成交，創出該款茶品的最高成交價，平均每片達 16 萬多港元，震驚了整個普洱茶界。

南天貿易公司成立初期只提供普洱散茶的業務，並沒有經營餅茶。不過從 1979 到 1984 年，雲南七子茶餅外銷到香港的出口量不足以應付市場的需求，因此有些茶商利用泰國的曬青毛茶用來壓製普洱茶餅，以彌補香港市場的不足。南天公司為了滿足當時香港普洱茶市場的需求並看準時機，便向雲南訂製了一批普洱茶餅，運往香港銷售，成就了一次為香港消費者訂製普洱茶餅的商機。日後因為該款普洱茶不斷陳化，茶品更為醇厚、潤滑，加上茶葉是消耗品，市場上的供求相繼減少，導致該茶的價格升值百倍以上。

下 雲南普洱茶出口至港澳地區數量

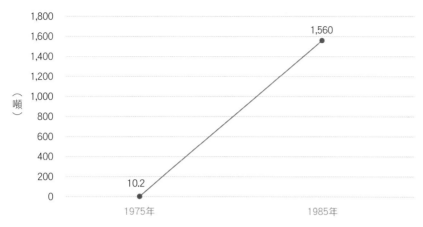

資料來源：劉勤晉：《碧沉香泛——中國普洱茶之科學讀本》。廣州：廣東旅遊出版社，2005 年，頁 32。

下 全國出口普洱茶至香港的成交金額

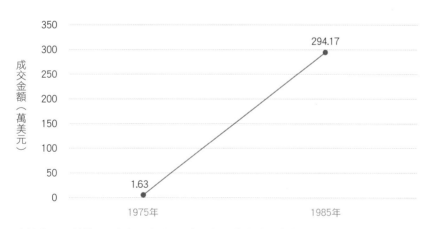

資料來源：劉勤晉：《碧沉香泛——中國普洱茶之科學讀本》。廣州：廣東旅遊出版社，2005 年，頁 32。

八十年代香港的茶樓每月平均要消耗三百多噸普洱散茶，各個茶商為了南天貿易公司能供應更優質的普洱茶，以供他們再轉售至消費者獲取更好的回報，因此都很支持南天貿易公司的工作。在1985至1996年期間，南天貿易公司向勐海茶廠訂制出一生一熟兩款經典普洱茶。為了方便辨別出經典餅茶的不同，於是在8582及8592的餅茶包裝棉紙上加蓋一個紫色的「天」字以示區別，因而坊間也稱之為「紫天餅」，同時蓋上「紫天」標誌的就是代表南天貿易公司的貨物，象徵南天的信譽和品質保障。[15]

4. 文化推廣方面

1993年4月，香港陳春蘭茶業有限公司的總經理吳樹榮應邀出席「中國普洱茶國際學術研討會」進行學術交流，在該研討會上發表了論文《普洱茶散記》，談及他在香港研究普洱茶的經驗和體會。[16] 根據吳先生憶述，九十年代普洱茶在香港一年的銷售量約四千噸，香港有近八百家茶樓、茶室及酒樓，他們都有供應普洱茶。可見普洱茶在香港茶樓文化中佔有一席位。被譽為香港飲食界才子之一的蔡瀾，在1995年的《壹週刊》上寫了一篇〈普洱頌〉，說明香港人愛喝普洱茶的原因，並以親身體驗寫出普洱茶與香港人的密切關係，更道出普洱茶已成為香港的文化。[17] 此外，台灣的鄧時海所編寫的《普洱茶》，讓大眾進一步了解普洱茶不再只

左 紫天餅茶

具飲用價值。他透過文字不但記錄普洱茶文化的事蹟，更把長久以來香港作為主要的普洱茶推廣角色，轉變為港台兩地共同推廣的目標。

5. 經營模式方面

1996 年以後，內地政府取消了茶葉出口的配額制度，香港的茶商不須再經頭盤或二盤商進貨，進口到香港的普洱茶也不再是由頭盤商壟斷整個行業，導致 1996 年後南天貿易公司走向衰落，象徵新時代的茶貿易方式出現。茶商可直接向雲南當地茶廠和茶農購買茶葉，香港往日的普洱茶經營模式被重新分配，打破了原有的平衡，讓貿易的來往更直接，減少中間商人從中賺取差價，也預示着香港普洱茶歷史的一個時代終結，並走向下一個全新的時代。

（三）鼎盛時期：2000－2010 年

普洱茶在香港的發展迎來高峰期是受到內地投資者對普洱茶的需求急增而出現。隨着中國改革開放，國民經濟水準得到明顯的改善。進入二十一世紀，中國經濟達到歷史性的高位，國民的生活水準大大提高，對具保健價值的茶品需求量隨之提高，因此普洱茶的生產及出口量也迎來戰後最興盛的時期。

全國的普洱茶出口主要集中於港澳台地區及東南亞國家，其中香港是普洱茶的最大進口和消費地區。以 2000 至 2006 年的《中國海關年鑒》資料為例，香港對普洱茶的進口需求持續增長。普洱茶

在 2006 年的整體出口量約 7,158 噸，整體出口金額達 3,291 萬美元。

再者，雲南普洱茶向香港出口量由 2000 至 2006 年間保持穩定增長，在 2000 年出口到香港達 2,300 噸，到 2006 年達 4,063 噸，由 2000 至 2006 年間，普洱茶出口到香港的數量增加近一倍，繼續穩佔雲南普洱茶的主要外銷市場。同時，雲南普洱茶的出口金額由 2000 至 2006 年間也保持穩定的增長：由 2000 年的 299 萬出口金額到 2006 年 434 萬的出口金額，反映出貨物的價值相對提高，香港市場對雲南普洱茶的需求不斷增加。

2006 到 2007 年，隨着內地的經濟迅速增長，國民開始重視自身的飲食健康，大眾認為普洱茶是有益健康的飲品，具認可的保健價值。再者，當人們的物質需求已達到一定的滿足，就會追求精神上的享受。由於普洱茶已不僅是一種飲品，同時更是承載着濃厚傳統中華文化的產物，既能滿足人們的健康所需，亦能滿足到我們的精神需求，自然就成為了多功能的產品，並導致市場上的投資者積極投資普洱茶。

事實上，導致普洱茶價格急速上漲的主要推動力，源自收藏、炒作及投機。由於市場上的價格具升值潛力，吸引很多人加入投資，最終掀起普洱茶市場的鼎盛時期。普洱茶市場炒賣的熱潮湧現，亦導致投資過熱，加大了市場泡沫，最終失去了飲用普洱茶的初心。待泡沫爆破後，大眾購買普洱茶才開始回歸理性。

自 2007 年開始，全國普洱茶出口出現回落的趨勢，由 2006 年普洱茶整體出口量達 7,158.09 噸，到 2007 年回落至 6,130.83 噸，但全國普洱茶整體出口金額仍是近年的最高位，達 4,306.56

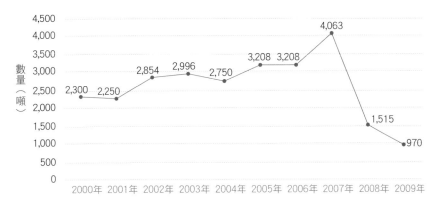

下 全國普洱茶出口至香港的數量 (2000-2009 年)

資料來源：據《中國海關年鑒》及《中國茶業年鑒 2008，2009 年》歷年統計資料整理。

萬美元。這現象反映出 2006 年及 2007 年的普洱茶市場受到各方的投資者熱捧，導致全國普洱茶價格過高。此外，2007 年普洱茶出口至香港的出口量亦相繼回落到 3,291.33 噸，出口金額亦回落到 2,060.37 萬美元。隨後，普洱茶整體出口量及出口至香港量逐年下降，由 2008 年的 1,514.53 噸跌至 2009 年的 969.45 噸，另外出口至香港的金額亦由 2008 年的 1,991.96 萬美元，跌至 2009 年的 617.05 萬美元。

從以上數據可見，2006 年是歷史以來內地整體出口量及出口到香港最多的一年，原因是在東南亞地區的普洱茶炒賣熱潮帶動下，到達了普洱茶出口的頂峰；但隨着中央政府採取有關調控措施，消費者的炒賣風氣回歸理性後，全國普洱茶生產量減少，出口

到香港的普洱茶數量亦相繼減少，導致香港市場對普洱茶的購買力降低，讓普洱茶的需求回歸正常化。

（四）衰退時期：2010 年後

面對內地市場的競爭，特別是 2006 至 2007 年普洱茶的炒賣風氣熱潮冷卻後，香港已經不再對普洱茶佔有主導地位。普洱茶在香港的需求量下降，導致市場出現暫時性的萎縮。自此，普洱茶在香港的發展面臨以下的問題：

全國普洱茶出口至香港的數量（*2010-2016* 年）

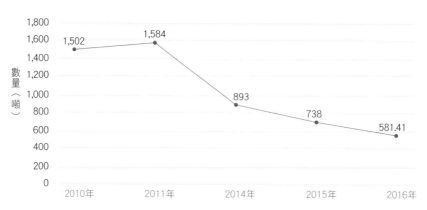

資料來源：據《中國海關年鑒》及《中國茶業年鑒 *2011，2014-16* 年》歷年統計資料整理。

1. 出口貿易方面

自普洱茶的炒賣風氣熱潮冷卻,全國普洱茶整體出口與出口至香港的數量持續下降,2014 年全國普洱茶整體出口量為 3,385.25 噸,之後出口量逐年下降,到 2016 年的全國普洱茶整體出口量下降 13.22%,至 2,937.50 噸。此外,2014 年全國普洱茶出口至香港的數量為 893.47 噸,之後出口量亦逐年下降,到 2016 年出口至香港的普洱茶數量下降 34.93%,即 581.41 噸。

由此可見,由於飲茶習慣的差異,雲南普洱茶主要出口集中在香港地區,香港也是長久以來雲南普洱茶出口的第一大市場。自 2010 年起,雲南普洱茶的出口量減少,以至全國普洱茶出口至香港的數量持續降低,反映出香港、內地及國外市場對普洱茶的需求減少,導致普洱茶在近十年的發展面臨衰退期。

2. 茶行 / 茶莊數目

在谷歌地圖(google map)上的香港境內逐一檢視,並以關鍵字「茶行 / 茶莊」進行搜索,結果顯示全港售賣普洱茶的茶行及茶莊(零售)數目約有 110 間。當中絕大部分的茶行都是以私人、獨立的形式經營,只有英記茶莊及福茗堂是以連鎖模式經營。其中英記是香港最大型的連鎖式茶行,目前約有 11 間分店,遍佈港九新界。此外,中西區為茶行最密集的地區,也是香港開埠以來最主要進出口貿易的集散中心。

然而,近年香港的普洱茶市場受到不少新式茶飲店衝擊、各式各樣的茶類市場競爭、茶樓的經營成本上漲引致的倒閉潮、內地普洱茶的市場漸取代香港市場等因素,導致香港本地對普洱茶的需求

中上環的茶行 / 茶室分佈

資料來源：據谷歌地圖（google map）統計資料整理所得，截至 2021 年 5 月。

I 北區

元朗區 4

大埔區 2

大埔區

屯門區 5

荃灣區 4

西貢區 2

沙田區 2

葵青區 I

黃大仙區 4

深水埗區 II 8

觀塘區 6

九龍城區

油尖旺區 2I

中西區 26

灣仔區 6

東區 3

離島區 3

南區 2

全港售賣普洱茶的茶行 / 茶莊分區數目 (零售)

資料來源：據谷歌地圖（google map）網上資料整理所得，截至 2021 年 5 月。

香江茶事：追溯百年香港茶文化

量自 2010 年起大幅減少。有見及此,對於如何讓普洱茶在香港得
以持續發展,如何重振香港普洱茶的優勢,成為發展香港普洱茶市
場需要正視的問題。

3. 市場推廣方面

香港在普洱茶推廣上的特點,是以政府、私人茶商及內地普洱
茶的龍頭企業三個方面的推動為主。就政府層面而言,主要是推廣
各式各樣的茶類,不會具體針對某一種茶類作推廣,而是傾向建立
一個平台,讓茶商及大眾自行參與,例如茶具文物館的茶藝活動、
每年一度的國際茶展等。

私人的茶商在推廣普洱茶時很大程度上會從商業角度考量,

上 不同種類的普洱茶飲

透過推銷普洱茶讓大眾能夠接觸產品。此外，內地普洱茶的龍頭企業，主要以市場推廣的形式，讓雲南普洱茶透過品牌的知名度，吸引香港的消費者，打入香港的市場，例如大益茶及以下介紹的中茶。

中茶屬中糧集團旗下，為雲南中茶業有限公司於香港的普洱茶經銷商，已於 2016 年成為香港首間中茶公司的經銷商，直接經雲南中茶茶業有限公司配給茶品，肩負向世界推廣普洱茶文化的責任。中茶公司與香港茶人薈進行戰略合作，以名茶收藏、茶品貿易及品鑑為主。除了香港的茶葉銷售市場，更向海外推廣茶文化。

此外，大益企業目前在香港擁有五家經銷商，包括「榮藝茶業」、「九洲行」、九龍花墟的「樂天派大益茶體驗館」、九龍城及土瓜灣的「大益茶體驗館」，主要負責普洱茶的批發和零售業務。大益是雲南普洱茶界最大的品牌之一，根據市場上的需求而研發相應茶品；在包裝上推出送禮型、傳統型、便利型等上百種茶類產品，不僅塑造專屬的自我品牌形象，也是為了滿足現代消費者的個性化需求。

總結

隨着內地推行改革開放政策，香港茶商的地位已經大不如前，以往港商對雲南普洱茶的壟斷亦一去不返。目前，香港普洱茶的消費情況還沒有一個權威而準確的資料。但內地普洱茶消費區域逐年擴大，消費群體也在快速增加；同樣地，茶飲市場轉趨年輕化，讓

左上 榮藝茶業

右上 九洲行

左下 樂天派大益茶體驗館

右下 土瓜灣大益茶體驗館

普洱茶的市場面臨相當大的競爭，這是不爭的事實。內地普洱茶出口市場狹窄，主要出口到香港和東南亞地區，歐美地區主要以紅茶、綠茶的市場為主，因此需求集中聚焦在東亞地區市場。國內運輸及物流業發展蓬勃，貿易成本較香港低，以珠三角地區為例，已有鹽田港及南山區兩大貿易港口，在出口貿易上存在競爭，導致香港在貿易的競爭力下降。

回顧近代普洱茶在香港的歷史發展，曾經一路走向輝煌，也曾經因為戰爭的影響導致在出口貿易上遇到前所未有的困境。幸好香港的市場沒有因戰事而中斷了長久以來的飲茶習慣，香港與雲南的貿易夥伴關係依舊保持緊密，能夠把普洱茶通過香港這個國際貿易平台推廣至全世界。同時香港的普洱熟茶工藝很大程度上為普洱茶帶來革新，包括存倉的經驗，以及普洱茶渥堆的技術，大大影響到全世界對普洱茶的認識。因此在二十世紀下半葉，香港對普洱茶的影響，某程度上象徵着近現代普洱茶的發展。然而，隨着國內對普洱茶的認知加深，內地市場對普洱茶的需求增加及普洱茶的投資升值潛力，香港如何抓緊這個循環發展的機遇及避免進一步被邊緣化，似乎不僅是茶行業的問題，還是整個香港當下面臨的嚴峻考驗。

1　楊凱：〈清末民初普洱茶對外貿易點滴〉，《普洱》，第 3 期。雲南：《普洱》雜誌社，2018，頁 64。

2　楊福泉：《中國西南文化研究 2013（第二十一輯）茶 · 交通 · 貿易》。雲南：雲南人民出版社，2016，頁 54。

3　楊凱：〈敬昌號的故事〉，《普洱》，第 12 期。雲南：《普洱》雜誌社，2012，頁 92。

4　周重林：〈香港茶客：老闆，來杯陳香普洱茶〉，《茶博覽》，第 1 期，2019，頁 63。

5　魏謀城：《1938-1990 年雲南省茶葉進出口公司志》。雲南：雲南人民出版社，1993，頁 153。

6　廣東茶葉金帆發展有限公司：〈廣東茶葉進出口公司普洱茶發展簡史〉，《廣東茶業》，第 C1 期，2005，頁 54 − 55。

7　顧兆順：〈歷史上的中茶與雲南〉，《普洱》，第 3 期。雲南：《普洱》雜誌社，2015，頁 37。

8　楊凱：〈熟茶簡史〉，《普洱》，第 3 期。雲南：《普洱》雜誌社，2015，頁 56。

9　鄧時海：《普洱茶》。雲南：雲南科學技術出版社，2004，頁 19。

10　石昆牧：《迷上普洱》。北京：中央編譯出版社，2015，頁 143。

11　李三白：〈普洱茶的海外高地〉，《普洱》，第 7 期。雲南：《普洱》雜誌社，2011，頁 180。

12　昌金強、莊生曉夢：〈銷法沱的故事〉，《普洱》，第 8 期。雲南：《普洱》雜誌社，2015，頁 38 − 43。

13　劉勤晉：《碧沉香泛──中國普洱茶之科學讀本》。廣東：廣東旅遊出版社，2005，頁 31 − 32。

14　雲南省地方誌編纂委員會總纂雲南省對外貿易經濟合作廳編撰：《雲南省志 · 第 16 卷對外經濟貿易志》。雲南：雲南人民出版社，1998，頁 156。

15　莊生曉夢：《一個香港頭盤商 80／90 年代香港南天貿易公司周勇 5 專訪》，《普洱》，第 10 期。雲南：《普洱》雜誌社，2018，頁 64 − 71。

16　黃桂樞：《普洱茶文化大觀》。雲南：雲南民族出版社，2005，頁 166。

17　雷平陽：〈普洱茶記續〉，《版納》，第 4 期，2006，頁 40。

總結

　　茶與香港人的生活息息相關，常見於茶餐廳、茶樓等生活場域，甚至出現在我們的紙幣上。別小看這一小杯飲料，它包含了中國幾千年的茶文化及我們的殖民地歷史。

　　茶憑着它芬芳甘醇的特質，滲透了中國二千多年的文化歷史，融入在不同朝代和各種階層的生活中。隨着中國與其他國家及地區的文化與經濟交流，茶亦廣泛流傳於世界各地。香港作為中國歷史上一個重要的茶葉轉口港，在「一帶一路」的熱潮下究竟可扮演甚麼角色？還是茶由始至今在香港都只是芸芸眾多糧油食品中的其中一環？

　　香港國際茶展在推動香港茶貿易以外，是否可多加入一些有質素的文化活動，向外國人介紹一下中國幾千年的茶文化，並通過探索傳統去重新認定和締造傳統的現代意義和可行模式？